EVERYONE CAN BE A FASHION ICON

成为时尚达人?
谁都可以!

杨梦晶 著
MagicYang

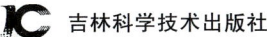
吉林科学技术出版社

图书在版编目（CIP）数据

成为时尚达人？谁都可以！/ 杨梦晶著. -- 长春：吉林科学技术出版社，2013.10
ISBN 978-7-5384-7233-2

Ⅰ.①成… Ⅱ.①杨… Ⅲ.①服饰美学－通俗读物 Ⅳ.①TS976.4-49

中国版本图书馆CIP数据核字（2013）第238661号

成为时尚达人？谁都可以！

著　杨梦晶
出 版 人　李　梁
策划责任编辑　晋　欣　冯　越
执行责任编辑　高千卉
封面设计　赵圳杰　邓立华
内文设计　赵圳杰
摄　　影　方进一　杨梦晶
开　　本　710mm×1000mm 1/16
字　　数　180千字
印　　张　13.5
版　　次　2014年2月第1版
印　　次　2014年2月第1次印刷
出　　版　吉林科学技术出版社
发　　行　吉林科学技术出版社
地　　址　长春市人民大街4646号
邮　　编　130021
发行部电话/传真　0431-85677817　85635177　85651759
　　　　　　　　　85651628　85600611　85670016
储运部电话　0431-86059116
编辑部电话　0431-85635186
网　　址　www.jlstp.net
印　　刷　沈阳天择彩色广告印刷股份有限公司
书　　号　ISBN 978-7-5384-7233-2
定　　价　35.00元

如有印装质量问题　可寄出版社调换
版权所有　翻印必究　举报电话：0431-85635186

我心目中的时尚达人,
她的造型、彩妆、气质都十分引人注目,
且具有其个人魅力。
不断地追求全新的自我,
让自己展现不一样的女性美。
对生活充满期待,对自己热爱,乐于尝鲜,敢于挑战。
时刻拥有正能量和积极的生活态度,
且传递给身边每一个人。

Preface
推荐序

美无私利，总是说世界上没有丑女人，只有懒女人和不懂穿衣搭配的笨女人。学会穿衣，穿对，你可以是激流里的精致女王，也可以是擦肩而过的低调天使，是简约的林间精灵，也是冬日的一抹暖阳，无论在哪儿，你就是风景。

——海报网主总监李皓

时尚不是名牌堆砌也不是紧跟潮流，它甚至是一个相当"虚无"的词汇。

通过装扮突显自己最美好的一面，传达一种爱搭配、爱生活的正能量，相信这才是Magic Yang眼中的"时尚"。

这种随性而坚定的生活态度给了她自信和从容，相信追求美好的你，也能从这本书上找到"不盲从、有召唤、爱美丽"的自己。

——Istyle爱搭配

推荐大家看完梦晶的书，再去翻翻她博客上三四年前的照片和文字，会更加惊讶于一个平凡的女孩到引领风骚的时尚达人的转变。

本书正是这种转变的时尚基因密码，为你破解优雅美丽的秘密。

——LOOKSHOW乐秀网

能成为众人眼中的时尚达人，是很多人所向往的，如何才能让自己变得更加时尚，这个问题却又让太多的人感到茫然，时尚的本质是一种态度，自信女孩都拥有自己的态度，杨梦晶就是这样，坚持用一种简洁而生动的风格，诠释着她对搭配和时尚的理解，并得到了数百万粉丝的认可。

在本书中，杨梦晶以独特的视角、精致的文字，将自己对时尚的理解和感悟娓娓道来，值得每一个爱美的人细细品读，推荐阅读Magic Yang的这本新书《成为时尚达人？谁都可以！》，相信大家一定会受益良多。

——原创搭配社区 猫搭网

如果说穿衣搭配装扮自己是所有成年人都喜欢的时尚游戏，那么杨梦晶无疑是深谙此道的高手了；没有盲从，没有一味跟风，更非奢华至上的纯物质主义者，而是将着装当作活动乐趣并且享受种种由想象力、创意、一点任性和可爱的坚持所带来的时尚玩乐主张。

——Onlylady女人志时尚总监沈敏容

我曾给梦晶做过一个深入的访问，非常喜欢她。

说到梦晶就会有一堆词汇在脑海里闪现：时尚、知性、真实、认真、潇洒、有自己的态度和坚持、还有一点调皮和害羞。

是的，这就是她，穿得出彩，活得精彩！虽然一直对她的新书充满期待，但看到内容后还是让我小吃一惊！这本书全面、详实，而且颇有深度，从一些实用的搭配法则到各种单品、各种场景、还有摄影，以及对生活的体验和感悟。

时尚不只是好看和引领，更是一种态度，一种积极、认真、分享和感恩的态度。我相信，读完此书，你就是下一个时尚达人！

——百芳网主编TONY

杨梦晶的服饰搭配不会甜得发腻，也不会热辣得烫嘴，总是清新、精致、美好，可以让人静下来，像一杯法式红茶。

——搜狐时尚博客主编Kiwi71

杨梦晶毫无疑问是一个懂得扬长避短的人，这运用在搭配上便她发挥到意想不到的效果；

有幸参与这本书的部分拍摄，得知这本书是由她先生亲自操刀负责设计和排版，相信，这本书不止关于时尚和搭配，里面一定很有爱！

——知名街拍摄影师方进一

Dress to entertain oneself, Fashion to change one's life
用穿着取悦自己，用时尚改变生活

首先，我得给自己的身份解释一下，我不是网络红人，也不是名媛，更不是时尚圈的知名人士，我只是一个喜欢并且擅长用衣裳取悦自己，站在时尚边缘且不断汲取其精华，让自己的生活变得更美好，借着自己辛苦耕耘和经营了几年的博客，使身边许多女生在那其中找到共鸣，并且愿意和我一起进步的一名"时尚边缘人"而已。

如果想看时尚咨询，想了解时尚八卦，想知道时尚圈是啥模样，不好意思，我这本书里没有。

但为何外界还是将我称之为"时尚达人"？在我的定义里，时尚达人指的是其造型、彩妆、气质都十分引人注目以及具有个人魅力的人，不断地追求全新的自我，让自己展现不一样的女性美，对生活充满期待，对自己热爱，乐于尝鲜和敢于行挑战，时刻拥有正能量和积极的生活态度且传染给身边每一个人。

这本书并不是纯粹地和大家分享搭配之道和打扮经验，也不是很直观地告诉你不能穿什么或是应该要穿什么，我分享的是如何让穿衣打扮这件事取悦自己，不是为衣裳而穿，而是为了让自己蜕变成心中那个最美好的模样。

用穿着取悦自己，用时尚改变生活

或许我们大多数人都不是天生丽质，但是可以通过后天的培养、学习而使自己成为让身边人眼前一亮的、时髦而有人格魅力和气质的女生。当然，这本书除了道出一些我个人的穿着搭配心得之外，也写下了一些我个人生活的美好小事。

每个女孩都希望自己的人生过得精致，希望自己能如同时尚偶像般。杂志上的她们，身上的任何一件东西都如此光鲜亮丽，并且精致有品位。其实这一切真的不是幻想，读完这本书，或许不能完全改变你的生活和你的样子，但是它可以影响你的生活态度。美国最具影响力的时尚主编尼娜曾说过"衣橱的衣服可以改变你的态度，而态度却可以改变你的生活……"

而对我来说，生活态度决定了生活方式，你的生活方式决定了你的品位与气质。希望我写的这本书，能够让你重拾对自己的信心，变美从来不是什么难事，但首先你需要先树立自信心，找到改变自己的方向。

加油，女孩们！曾经的我也迷茫过，长得不算好看，身材不高挑，没有前凸后翘，也不是服装设计或时尚专业出身，但我还是从一个平凡的女孩升级成为一名知名"时尚达人"；是的，我做到了，所以，我也想告诉你们，变身时尚达人，谁都可以！

用穿着取悦自己,用时尚改变生活

CONTENTS
目录

第一章 chapter 1
穿衣风格可以多种，但自己的风格只有一个 — 012

1、穿衣风格&个人风格到底是什么关系？
2、形成个人风格的私家要诀

第二章 chapter 2
实用的时尚搭配法 — 036

1、无需PS也能穿出理想身材
2、混搭让造型更有趣
3、节约又省钱的一衣多穿法

第三章 chapter 3
看场合，穿衣服 — 082

1、上班时，怎样穿才不乏味
2、约会的甜蜜时刻
3、与闺蜜下午茶的悠闲姿态
4、旅途中的轻松自我

第四章 chapter 4
我的衣橱里那些不可或缺的时尚单品

1、风情万种的印花单品
2、时髦度加倍的彩色单品
3、摩登感的皮革单品
4、经典不衰的条纹单品
5、柔美复古的蕾丝镂空单品
6、个性百搭的T恤单品
7、混搭最佳的牛仔单品
8、搭配质感"重"在腕表
9、时尚度"保值"的包包
10、"足"以优雅的美鞋

第五章 chapter 5
时尚人生的关键

1、美丽需要花心思
2、家居美好细节，赋予生活正能量
3、善用手机作图软件，谁都可以是生活时尚摄影师

第六章 chapter 6
带一箱美衣，踏上未知的旅途

1、活力迸发的花园城市——新加坡
2、清新的闲逸时光——越南
3、浪漫时尚之都——巴黎
4、浓厚的艺术情怀——巴塞罗那

chapter 1

雕刻时 sculpting

第一章
穿衣风格可以多种，
但自己的风格只有一个

There are a variety of dressing styles, but only one of them suits you

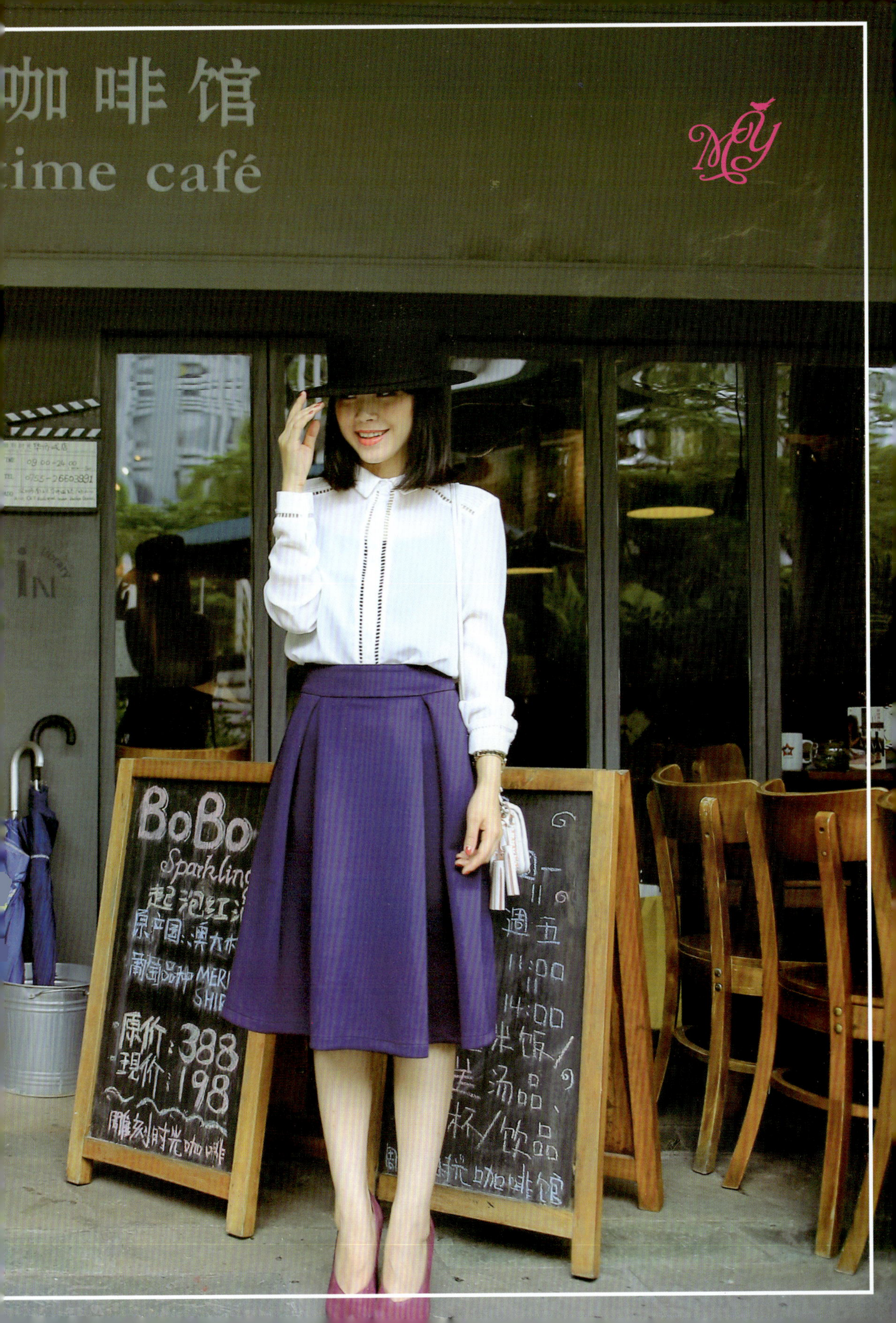
咖啡馆
time café
BoBo
Sparkling
原价：388
现价：198
雕刻时光咖啡

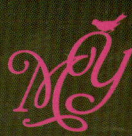

One

穿衣风格 & 个人风格
到底是什么关系？

What's the realationship between dressing style and personal style

拒绝盲目跟风

穿衣风格和口味一样，种类众多，欧美风、日系风、韩式甜美风、英伦风、中性风、淑女风、嘻哈风等，在翻阅时尚杂志时，我们总会被琳琅满目的打扮所吸引，然后也跟风参照着杂志里面的装扮效仿起来，盲目地去买一模一样或是类似的衣服单品，但大部分人买回来穿上身才发现，啊？怎么穿得和模特的效果不一样啊？明明就是同款啊！

女孩们，这种经验我也曾有过，杂志模特在化妆造型师的包装之下，加上摄影师的拍摄技巧以及修图师高超的修图技术，拍出来的整体效果是多么出众，模特高挑好看的身材也起了关键作用；但是我们在生活中的装扮，总不可能化妆师、造型师、摄影师和修图师一起帮你打造吧，最靠得住的还是自己。

穿衣的风格和我们的关系十分亲密的，
它影响着我们的穿衣打扮和品味，
而我们也在通过慢慢摸索适合自己的穿衣风格的过程中，
逐渐形成了自己独有的个人风格。

风格的魅力

你有可能会同时喜欢上几种不同的穿衣风格，也有可能只青睐一个，但无论你喜欢的是哪一个，最重要的还是，它适合我们自己。

穿衣的风格和我们的关系是十分亲密的，它影响着我们的穿衣打扮和品味，而我们也在通过慢慢摸索适合自己的穿衣风格的过程中，逐渐形成自己独有的个人风格。

说起风格，即我们平时很爱提到的style，是一个人由内而外散发出来的一种气质，一种品味。

我这样说可能会比较抽象，那就举个例子吧，例如你在网络上很迷的一个女生，她不是明星，但是她每次更新的搭配分享，总能引起很多女生留言追问她：你的包包什么牌子的，你的鞋子哪里购入的，你的上衣是否有淘宝链接……她的一切都是大家渴望拥有的，尽管她只是一个普通的人，我可以说，她是很有自己风格的女生，具备自己的个性，也拥有吸引大家模仿她的魅力。

Style，是一个人由内而外散发出来的一种气质，一种品味。

成为时尚达人？谁都可以！

穿衣打扮本来就是一件很好玩的事情，
它不应该局限于单一的穿衣模式之中，
当你能轻松愉快地玩转各种搭配风格时，
那么，你也即将成为一个很有自己style的时尚达人！

我们身边不缺少会打扮的女生，在网络发达、杂志盛行、物质饱满的时代，穿得好看不是一件难事，但是穿出来自己的风格却未必人人可以。

因此我想要说的是，潮流变得这么快，我们随波逐流不是办法，很容易追着追着就迷失了方向，到头来穿得四不像。要知道，风格代表着你的个人魅力，散发着你的气质，衣服可以花钱买，但是风格的形成只能靠自己。

一个能驾驭多种搭配风格的女人，是擅长发挥自己风格的，她懂得如何运用这些不同风格的元素，使自己的装扮变得有韵味又符合自己的气质。我不太喜欢定义自己属于哪一类穿衣风格，因为穿衣打扮本来就是一件很好玩的事情，它不应该局限于单一的穿衣模式之中，当你能轻松愉快地玩转各种搭配风格时，那么，你也即将成为一个很有自己style的时尚达人！

不局限单一的风格

风格代表着你的个人魅力，散发着你的气质，衣服可以花钱买，但是风格的形成只能靠自己。

Two

形成个人风格的
私家要诀

The secret of forming your own style

风格 7 要诀

　　上一环节说了这么多关于穿衣风格和个人风格的微妙关系，那么到底时尚达人又是如何形成自己独有的个人风格呢？虽然这个形成是一个漫长的过程，并不是两三天下苦功夫就能达到的，也不是模仿杂志搭配就能实现，更不是将一堆新品衣服、新款鞋子都买回来通通派上阵就能看到你的个人风格。

　　下面这7个我这几年总结出来的要诀，虽然只是我的个人经验和心得，但是我想，掌握了其中几个，再加上你自己的摸索与思考，也肯定会找寻到自己的个人风格。

要诀1
模仿和参考是第一步！

回忆我的读书时代，陪伴我成长的不是什么偶像剧，而是服装杂志！想起我读小学的时候，瑞丽杂志刚刚进入中国，有一次我和朋友们到书店看书，在杂志区域前我被一本封面印着笑得明朗、身穿蓝色衬衫和白色西装裤的女人吸引住了，现在回想起，原来那个就是当年很红的日本混血模特桥本丽香！我带着好奇心捧着这本杂志盘腿坐在地上"研究"起来，竟然着迷了，被杂志里各种好看的衣服和装扮以及桥本丽香深深地吸引，看童话故事都不曾这么入迷的我，在那之后坚持每天都独自一人溜到书店里看每一期的《瑞丽》，想起那时候我也才读五年级啊！可想而知，女孩生来就具有喜欢美的本能，幻想自己长大后也能如同杂志里的模特一样，每天都能穿着时髦的衣服走在大街上……

杂志推荐
List

1 《ELLE世界时装之苑》
2 《瑞丽时尚先锋》
3 《ceci姐妹》
4 《服饰与美容VOGUE》
5 《红秀GRAZIA》

　　到了初中、高中、大学，各种时尚杂志充斥在我生活周围，我关注的杂志一出新的一期，我马上到书店购买，生怕被抢光了，我在家里、在学校宿舍不断地翻阅着这些时尚杂志，还把喜欢的搭配剪出来，粘贴在自己制作的服饰收集本中，之后还时不时地翻阅自己收集的杂志搭配，研究这些杂志中的搭配，它的搭配亮点在哪里？为何一件普通的白衬衫能穿出这么多种搭配？为什么这身装扮要搭配亮色系的高跟鞋？

　　我一边看一边思考一边模仿，因为经济能力有限，那时的我不能买很多很多的衣服，于是我学会混搭，在镜子前、脑海里研究，如何将一件单品搭配出不同的风格，这样大家都不会觉得我穿过这件衣服……

　　渐渐地，身边的同学以及朋友们每次见到我都会问我：咦？这件衣服怎么没见你穿过？啊！我喜欢你身上这件衣服，快告诉我哪里买！嘿，Magic，你今天这身装扮我好喜欢哦！

　　是的，随着称赞的声音越多，自信心也开始树立起来了，但这些功劳绝对归功于之前收集的杂志搭配，它们触发了我对搭配和穿衣打扮的灵感，通过模仿和参考杂志模特的装扮，我开始摸索起自己的搭配方式，也开始找寻自己的穿衣风格。

不愿意模仿的人，什么也创造不出来。
—— 西班牙超现实主义画家和版画家达利

要诀2

了解自己的身材，感觉对了才穿上身！

刚淘来的新衣服穿上身竟然发现怎么穿得那么别扭；刚买回来的新鞋子现在穿上脚有点太高，走起路也不方便；某某时尚偶像明明也是这么穿的，怎么我穿起来会这样奇怪？今年很流行的洋装我穿起来怪怪的……

如果出现上述这类状况，别抱怨，因为在你冲动购买之前，你都没问问自己是否合适？没了解清楚自己的体型能否驾驭这类款式？

我十分欣赏的一位超级名模，也是香奈儿设计师KARL LAGERFELD的缪斯———伊内斯·法桑琪说到：你绝对不会听到巴黎女人抱怨自己身上的裙子太短、洋装太紧、鞋子太高。所有造型师都相信，感觉自在是出色造型的不二法门！巴黎女人了解自己的体型，知道什么适合自己，并能融入个人生活风格。

是的，时尚达人的聪明购物行为就在于她们对自己的身材体型十分了解，再好看的衣服，如果它和你的身材体型有冲突，穿上身也只是衣服而已，而非装饰。无论你是网购，还是代购，又或是专柜购买，在购买前，都应该先想一想，我平时穿这件衣服的机会有多大？如果你想到的只是"或许某个场合我可以穿穿""先买回来再说吧""我看她那个女生和我一样的身高，那我应该也合适吧？"那我劝你，别下手！

穿衣打扮就是为了取悦自己，穿得好看更要穿得舒服自在。我有个小秘诀：每次出门之前挑选衣服，在家里的镜子面前多照几下，打量打量今天的这身搭配看起来是否舒服，试一试今天穿的鞋子走起路来是否合适，假若有那么一点你觉得不妥的，那就赶紧换下来，因为这一整天你都会被这个一点的不妥影响心情，破坏了一天的美好！

巴黎女人了解自己的体型,知道什么适合自己,并能融入个人生活风格。
—— 伊内斯·法桑琪

不赶时髦，经典是王道！

　　潮流总是在变幻中，最近流行这股风潮，过了一段时间又刮起另一股风潮，许多女孩逼自己紧追着这些潮流趋势，跟着时尚潮流滚来滚去，杂志上流行什么款式，就跟风购买，淘宝流行哪个爆款，毫不犹豫就搜刮回来……

　　这种盲目跟随盲目、崇拜的做法真的很愚蠢！

　　抛弃那些只流行一瞬间很快会被取代和淡忘的款式，挑选那些经得住时间考验的经典款式，即使露脐装再当红，即使松糕鞋再火热，即使皮革裙正在风头上，先问自己：这些款式你会坚持穿多久？你能驾驭它么？你平时是否会经常利用这些单品进行搭配？

　　我不是鼓励大家忽略潮流元素，而是提倡大家在结合当下流行趋势的同时，挑选即使随着时间流逝也不会过时的衣服单品，穿出最具自己经典风格的装扮！而不是成为时尚的牺牲品。

　　找到最适合自己风格和气质特点的服装来点缀自己，不是一味追求时髦，要知道，得体、优雅的装扮是永远不会过时的。

找到最适合自己风格和气质特点的服装来点缀自己，
不是一味追求时髦，要知道，得体、
优雅的装扮是永远不会过时的。

要诀4

敢于标新立异
尝试新风格！

刚说完不要盲目跟风，那是不是就要走"保守"路线了？错！

一成不变的穿衣风格只会愈加让你视觉疲劳，甚至失去打扮的乐趣，穿衣打扮之所以有趣，就是在于给自己不断尝试的机会，去体验新的风格和新的感觉，我们可以无视潮流，但是绝对要适当地标新立异。

喜欢走保守黑白配路线的你，或许可以尝试购买一些色彩鲜艳、款式大胆的单品，来个撞色搭配，橘黄色的上衣配上乳白色的九分裤，再戴上一个金属质感的项链，顿时眼前一亮！谁说小洋装不能搭配休闲鞋或是军装风外套？偏爱淑女风的女生，何不尝试一下转换自己过于甜美的装扮，换上做旧牛仔卷脚裤，搭配修身白色T恤和尖头高跟鞋，气场马上上扬起来……

有太多能让我们尝试的新搭配方式，花点小心思，大胆地打破自己设定的常规，你会感受到新面貌的自己是有多么的美丽！不要太跟从一些书中或是杂志中提及的搭配规则，那些你未必适用，真正了解自己的只有你，就如同我写的这本书不是教你如何穿衣服，而是希望激发你找寻搭配的乐趣。

经典和尝试永远不冲突，时刻为自己换上新装，换上新面貌，享受这个不断求新的过程吧！

形成个人风格的私家要诀

我的每个阶段不同的造型变化

经典和尝试永远不冲突,
时刻为自己换上新装,换上新面貌,
享受这个不断求新的过程吧!

5

要诀5

定时检查衣橱，学会取舍！

  我有一个妈妈遗传给我的习惯，就是定期检查和整理衣柜，这样做不仅可以让衣柜里的衣服变得更为整齐和清晰，还能帮助你舍弃一些不穿的衣服，甚至是穿得不好看的衣服！

  在品牌店里购物时，我们很容易受到店员建议的影响，她们会夸你手中拿的这款新品很好看，很适合你，会和你说我觉得你穿这个实在太迷人了！朋友们，她们在意的只是业绩和销售额，而不是你是否穿得合适和好看，当然我不排除真的有一些店员是发自内心，但一般在店员"怂恿"之下买衣服的女孩，回到家都基本上是将衣服闲置在衣柜某个角落，穿了一次或是甚至不知道如何搭配，如果你在挑选衣服上实在没什么主见，容易受店员或是那些漂亮橱窗渲染的影响，那我提议你定时"审核"自己的衣柜，你会发现，你那个快撑破的衣橱，实际上有三分之一或是更多的衣服是没怎么穿过的，又或是即使对着琳琅满目的衣服，你仍会烦恼"没什么衣服可穿啊！"

形成个人风格的私家要诀

衣服多未必就说明你是一个时尚达人，要想想这么多的衣服有几件是你穿得比较多，又或是穿上就会让你有好心情的。你可能会想：这些衣服都是我花钱买的耶，怎么舍弃啊？岂不是很浪费么？

那我建议你思考：与其坚持花钱浪费在一堆派不上用场的衣服上，还是花钱买一件质感好、剪裁精致又耐搭配的好衣服上。

真正的时尚达人是自成一派，他们会花钱购买一些经典的、别致的，让自己穿得舒服的款式，用自己独到的眼光挑选适合自己的衣服。

在一个闲暇的周末时间，好好收拾下衣柜，检查哪些单品是你真正需要的，哪些只是一时冲动下的产物，懂得取舍，懂得割舍那些穿得不好看甚至不穿的衣服，顺便重新审视自己的购物习惯。你可以送给喜欢它的朋友，又可以在网上当闲置品转让，又或是捐给需要的人。

懂得取舍，懂得割舍那些穿得不好看甚至不穿的衣服，顺便重新审视自己的购物习惯。

要诀6

回顾自己的搭配照片，审视自己！

现在的女孩估计没有一个不喜欢拍照吧，伴随微博、博客、instagram这些网络平台的盛行，几乎每个女孩都有其中一个账号，在上面分享自己的生活点滴，每天出门前都会拍一张全身照分享到平台上，等着大家点评；有给你点赞的，也有一些提出建议否认你的，参差不齐的评论和留言其实对我们来说就是一个很有利的评审员！

我也是一个经常出没在各个网络平台的网络狂人，我喜欢在那里分享日常装扮，分享旅途中的搭配，喜欢分享搭配的配饰细节等，也有许多粉丝和网友会给我一些他们的建议，看到认同的夸奖留言当然是欣喜的，但看到另一面的声音，如说"这么穿好丑"或是"怎么穿成这样的"，我反倒是检查下那张照片里的搭配是不是如他们所说的那么差，而不是先生气。并不是说我们要很在意他人的眼光以及想法，但是借那些不同的声音，我们可以顺便审视一下自己的搭配。我除了定期整理衣柜之外，最常做的还有定期在电脑相册文件夹或是手机文件夹里，一张张翻阅自己过去拍的搭配照，每次翻阅都会有新反省，看到某个搭配会反问自己"怎么我会穿这件衣服？看起来好不顺眼。""这件衣服现在早就过时了吧，可以考虑舍弃它了。""不能这样穿耶！显得我比例失调很矮哦！"将那些我认为不满意的搭配复制到一个名为"不合格"的文件夹里，将这些"不合格"搭配里犯的错误记在心中，找出搭配的误点，以免以后再犯。当然，我也会将自我欣赏的搭配整理在另一个文件夹，通常来说，这些满意的"作品"都是最适合自己气质的，也是自己最为感到自在顺眼的搭配。

喜欢在网络上分享装扮的女孩们，从现在开始，和我一起定时回顾自己的照片，这个"工作"一点都不麻烦，你可以从中发现自己的利与弊，和读书考试一样，答错的题，我们吸取经验和教训；穿错的衣服，下次我们一样也能避免。

2010

2011

2012

2013

审视过去自己的搭配照，
发现其中的缺点，
才能找到凸显自己的优点之处。

喜欢在网络上分享装扮的女孩们，从现在开始，
和我一起定时回顾自己的照片，
这个"工作"一点都不麻烦，
你可以从中发现自己的利与弊，和读书考试一样，
答错的题，我们吸取经验和教训；穿错的衣服，
下次我们一样也能避免。

要诀7
以简代繁！

在咖啡厅遇见两个女孩，其中一个穿着杂志最流行的款式，手上套满了亮晶晶的首饰，耳垂上吊一对沉重的大耳环，脖子上挂着生怕别人看不到的闪耀项链，脚上穿着淘宝最热的款式；而另一位女孩，穿着一件洁白透气的雪纺衬衫，胸口微微开了两颗扣子，能看到脖子上戴着一条纤细的银色吊坠项链，手腕戴着的玫瑰金手表简洁却引人注目，身穿浅色牛仔小腿裤和红色平底芭蕾鞋，裤腿卷起几层，露出白嫩的脚踝，包包是经典的黑色复古挎包。

第一位着装耀眼的女孩，我在她的身上只停留了几秒钟，上下打量下就转移目光到第二位女孩身上，一边喝着咖啡，一边偷偷瞄她几眼，观察她的配饰和搭配细节，有股淡雅的气质飘散过来，和手中香醇的咖啡一样，久久未能消散。

我举这个我生活中遇到的例子，只是想告诉你们：将全部最流行的元素堆在身上，将最闪耀的单品套在身上，所制造出来的效果往往适得其反的，不但没有你所向往的时髦感，反而有种俗气感。适当地省略掉一些不必要的配饰，不要每个手指都有戒指，不要项链、耳环、手链通通往身上挂！更不要流行什么穿什么！

我们日常生活中的搭配，想要营造让人过目不忘、赏心悦目的效果，最靠谱的还是用质感好、剪裁出色的衣服单品，搭配精致的配件，例如简洁款式的手表、一双凸显气质的美鞋、一个经典好看的包包，又或是一个低调却不失品位的耳环，都能起到画龙点睛的效果。

花钱买一大堆平价衣服，还不如投资一两件质感好的衣服单品，买双穿得久远的好鞋子，买一个耐用的经典款包包，擅长用有特色的配件点缀装扮，以简代繁！

相信我，看几眼都无法让人记住的女孩离时尚达人真有一大段距离，做一个一眼就能让人记住的女孩，时尚达人近在咫尺。

投资一两件简约质感好的衣服单品，
买双穿得久远的好鞋子，买一个耐用的经典款包包，
擅长用有特色的配件点缀装扮，以简代繁！

chapter 2

第二章
实用的时尚搭配法
Your everday fashional
dressing skills

成为时尚达人？谁都可以！

One

无需PS也能

穿出理想身材

Dress the perfect
body without PS

比PS更实在的修身方式

平时我在微博和博客上分享自己的生活搭配，总会看到许多网友留言说"Magic,你看起来身材好好哦！" "你身高只有160厘米？怎么看起来像是168厘米？" "我好羡慕你的腿哦，看起来好修长"每次看到这些留言我都会心里暗爽，因为实际上，我并没有像大家看起来那样拥有完美的模特身材，更别说高个子和修长美腿！身材上仍有很多我不满意的缺陷：我盆骨比较大，所以看起来会显得屁股大大的；我个子不高，腿也不是很纤细，反倒是肉肉的；我上半身比较瘦削，看起来很单薄……看到这里，你们是不是会疑惑：难道你拍的那些搭配图都是ps修出来的？

还真的不是！要知道，修饰身材除了photoshop这东西，还有更为实用的，就是如何扬长避短，通过造型搭配营造出自己理想的身材！

要知道，修饰身材除了photoshop这东西，还有更为实用的，就是如何扬长避短，通过造型搭配营造出自己理想的身材！

因此，我不希望大家在挑选衣服时
不要因为身材的局限而缩小了时尚的范围。
学会扬长避短的穿搭法则，无需刻意掩盖自己的身材缺点，
反倒是突出自己身材的特色，
才是成功打造理想身材的搭配法则。

化缺点为优点

很多女生都希望无论是现实生活中还是照片里，都是个身材合度的人，想要看起来更瘦一些、更高挑一些，或是希望某个局部，例如大腿能再瘦一点，手臂能再细一些。

而很多人又会误会，显瘦的穿搭就一定要穿显瘦的颜色，例如黑色或深色系的；要看起来高挑就一定要穿9厘米以上的高跟鞋，穿超短热裤，露出更多的腿部肌肤以看起来腿长一些……这种有偏执趋势的穿搭观点不仅会让造型看起来十分的乏味，也缺乏流行时尚感，更有时候会显得不够大方得体；因此，我希望大家在挑选衣服时不要因为身材的局限而缩小了时尚的范围。

学会扬长避短的穿搭法则，无需刻意掩盖自己的身材缺点，反倒是突出自己身材的特色，才是成功打造理想身材的搭配法则。

下面，就让我来一一展示 perfect body 的搭配秘诀吧！

Tip1 适当露出你的肌肤

  对于身材较为娇小或是个子不高的女生来说，突显身材比例是搭配的重中之重。最为恰当的搭配方法则是"适当露出肌肤"，既然是"适当"，也就是说不是让大家尽可能地露出肌肤，成为暴露狂，而是通过有选择的"暴露"，来从视觉上拉长身材比例。

  拉长比例的露肌单品：膝盖以上长度的洋装和半身裙、牛仔短裤、露出脚踝肌肤的修身九分裤、露脐上衣。

Tip2　柔色系单品提升视觉效果

　　小个子女孩在挑选衣服单品时，要尽量避免全身上下都选择深色系的衣服，否则会在视觉上显得很沉重，学会用明亮色系或是颜色柔和的衣服单品进行搭配，可以改善整体造型的平衡感。

　　另外，有一点必须要注意：切忌整体造型里一大片面积都是柔和色，这样会使人看起来更加矮小！

　　应是强调出某个身体部位，通过颜色的区分来划分身材比例。

　　例如：用淡色系上衣单品搭配剪裁合身、颜色稍微比上衣深一层的下装单品，起到整理视觉的收敛效果；又或是浅色系的连衣裙搭配收敛效果色系的外套……

Tip3 高腰系列单品突出黄金比例

想要穿出模特般的黄金比例其实并不难,只需一款高腰系列单品即可!这些打着高腰名义的下装单品,不仅能轻松提高腰线,还可拉伸下半身线条比例,使得腿型看起来更修长。

大胆地选择时髦高腰单品,搭配时只需要将上衣束进裤腰里(上衣千万不要把腰盖住,否则失去了穿高腰单品的意义!)无论是搭配普通的T恤,或是背心、衬衫等,都可以立刻在视觉上改变身材比例,增加造型活力,还能将腰间的肉肉全部包裹住,用高腰线打造梦寐以求的高挑身材。

可爱的高腰A字裙、女人味十足的高腰半身裙、复古个性的高腰紧腿裤或是淑女风必备的高腰连衣裙都是你可以考虑的单品。当然,你也可以利用腰带或是腰封来搭出迷煞众人的完美比例。

高腰单品系列成员:

高腰半裙

高腰及踝裤

高腰短裤

高腰连体衣

Tip4 从现在起学会穿高跟鞋

  对于个子娇小的女孩以及腿不算修长的女孩来说，高跟鞋是更为实在的"ps工具"！它不仅能让你的个子瞬间长高，腿部线条拉长，增加修长身材的美感，而且一个穿上高跟鞋的女人，绝对精神抖擞和自信昂扬，因为穿了高跟鞋后，胸型会自然挺立，臀部弧度更加紧翘，显示出前凸后翘的曲线，显得愈加有女人味。

  曾有科学家研究发现，穿高度为4～6厘米的高跟鞋最有助于减肥，这个高度的鞋子能提升腰腹部脂肪的新陈代谢速度，使小腹平坦。只是经常穿高跟鞋的女生，自然而然也容易引起背部压力增大，有酸痛感，所以我也不建议大家经常穿。在合适的场合穿合适高度的鞋子，不要一味追求鞋子的高度，否则对身体健康也有很大的影响。

  如何成功驾驭高跟鞋，首先必须要有自信心！你穿上它是为了拉长曲线和好看，因此不要展现出你惊慌失措、害怕跌倒的样子，放轻松，站直，挺起胸膛，慢慢地往前走！

  我想，高跟鞋带给你的美感，会让你对自己的体态更加自信起来！

扬长避短，淡化缺点·突出优点

  我们对自己身材的态度甚至比对男友的态度更挑剔，似乎随便都能找出一点自己不满意的地方，因此愈加容易对穿衣打扮失去信心，甚至是迷茫。

  其实我也和你们一样，总是放大和强调自己的缺点，老是和身边的女孩比较，她怎么那么瘦，我却这么多肉……但后来我发现，与其埋怨，倒不如好好花时间在研究服装搭配上：如何突显自己身材的优点，巧妙地修饰身材的缺点。

  因此，大家可以认真地去发现自己身材最为漂亮的部位，只要能找到我们身材的优势，就能够在搭配上有目的性地去优化和展现，从而起到掩饰其他缺点部位的效果。

  或许你下半身比较肉但是上半身挺瘦削的，或许你上身丰满但腿部比较纤细，又或许你小腿有肌肉但是脚踝很细呢！

  花点时间、花点心思、花点金钱，展示我们身材最美好的部分吧！

Tip1 A字裙的显瘦搭配法

有着肉肉臀部的女孩，估计是很多婆婆们所讨喜的，将来肯定能生！但是在穿衣搭配中，肉肉的屁股还真的不是一件好事，像我就有这个烦恼，万一穿不好，看起来就会显得臃肿，连曲线都变得肉肉的了，整个人也高挑不起来！

A字裙，这种有倒V感的搭配单品，可谓胖瘦皆宜。A字的线条能让瘦的人看起来不至于那么瘦；胖的人则可以借助A字裙摆藏住肥胖的下半身，修饰曲线，不仅可以修饰臀部线条，还能让比例变得更为协调，遮掩肉肉臀部的同时还可以实现显瘦的效果。

选一条适合自己的A字半裙或是A字连身裙，
它合身而巧妙的剪裁将完美地遮盖你的身材缺陷，
而且它还能衬托出穿裙者优雅的品位来。

Tip2 要遮就遮到底！

小腿肌肉发达、大腿比较粗、整体腿部曲线不够直等，有诸如此类的烦恼对自己下半身不满意的女孩，真的不要灰心，除了要多做一些瘦腿运动之外，在还未完全瘦腿成功之前，完全可以靠衣服来遮掩。而且，要遮就遮到底！遮一点还露一点的，绝对起到反效果。

及踝长裙、连体长裤、连身长裙、高腰西装裤等，
这些都是掩饰你下半身不如意部份的最佳搭配单品！

Tip3 转移视线的障眼法

你有着性感的锁骨却手臂不够纤细,没关系,穿上露出锁骨周围肌肤的V字领的针织质地宽松上衣即可。

你有瘦削的上身却腿部不够修长甚至肉肉的,没关系,穿上修身的上衣搭配高腰长裤即可。

你有细嫩的美腿但是上身却是丰满型,没关系,穿上牛仔短裤搭配休闲卷袖衬衫即可。

搭配时只需要通过合适的单品展现出你身材最具优势的地方，用收敛效果的单品将缺点"包住"，将大家的视线成功转移到你身上最美好的细节上！

Two

混搭
让造型更有趣

Mixdressing makes more fun to your styling

混搭出独有的风格

我们身边有很多女生，也包括我们自己，为了省事省时间，喜欢购买店里已经搭配好的衣服，又或是购买成套的套装，原封不动直接套用在身上，不仅完全失去个人的风格特色，而且久而久之，这样模板化的穿衣方式让搭配变得很乏味。

因此，我强烈主张大家尝试混搭，即Mix and Match。通过将不同风格、不同材质和不同档次的单品按照个人口味拼凑在一起，也就是不要规规矩矩地穿衣，而是混合搭配出完全个人化的风格。

难道混搭就是随便将杂七杂八的元素全部拼与一身吗？当然不是！

> 原封不动直接套用在身上，
> 不仅完全失去个人的风格特色，而且久而久之，
> 这样模板化的穿衣方式让搭配变得很乏味。

何为混搭

混搭，不等同于胡穿乱配、毫无章法，混搭也是很讲究搭配功力的。穿出层次感和时尚感，用一些独特的细节装点全身，用风格各异的元素单品拼凑一身搭配，说不定能营造亮眼的效果。

或许一开始你会对混搭摸不着头脑，担心一不小心就穿得不伦不类。多尝试，多摸索，肯定能找出属于自己的混搭风格！要知道，学会混搭，对你整体造型风格可是一大改造。花点小心思，让你的搭配造型看上去更有时尚感。

如何混搭？怎样混搭出自己的风格？这里透露下我的私房混搭秘诀吧。

混搭，不等同于胡穿乱配、毫无章法，混搭也是很讲究搭配功力的。穿出层次感和时尚感，用一些独特的细节装点全身，用风格各异的元素单品拼凑一身搭配，说不定能营造亮眼的效果。

如何混搭？怎样混搭出目己的风格？
这里透露下我的私房混搭秘诀吧。

秘诀1

雪纺衬衫 × 高腰印花短裙

*柔软的雪纺衬衫
既可以甜美，又可以帅气十足*

营造俏皮复古的造型。

秘诀2

摇滚风T恤 ×珍珠项链

风格的碰撞产生
与众不同的视觉感。

珍珠项链不再是礼服的专属

秘诀3

纯色系连衣裙 ×金属感强烈的配饰

强烈金属感点缀简洁款型
提生时髦度。

这样穿不会让你看起来太娇贵

秘诀4

亚光质地上衣×金属感下装

用休闲中性风,中和闪耀的元素,
协调整体穿搭。

去派对我会这么穿!

秘诀5

图腾印花连衣裙 ×卡其色短靴

抛弃连衣裙传统搭配里的尖头鞋，换上帅气的高跟短靴。

给柔美的连衣裙来点帅气

秘诀6

纯色大阔领上衣 × 花俏裤子

抛弃繁复的蕾丝公主上衣，
换上质地轻薄的纯色阔领上衣。

这身装扮很适合喝下午茶哦

秘诀7

尖头高跟鞋 ×做旧破洞牛仔裤

摆脱不羁街头感,
用展现女人味的尖头鞋增添造型气场。

不失气场的休闲装扮

秘诀8

休闲棉质T恤 ×格子西装九分裤

随意简单的上衣能中和西装裤的正式感。

秘诀9

男朋友的牛仔衬衫 ×飘逸印花半裙

大一号的牛仔衬衫添加帅气个性的牛仔风。

时尚达人怎能少得了牛仔衬衫

海军风永远不过时！

秘诀10

海军风条纹衫 × 纯色西装裤

善用条纹衫打造充满随意优雅的造型感。

篇外话

　　这里分享的10个我日常生活中最常用到的私人混搭秘诀,也是我自己经过不停地尝试,在失败中摸索出来的。有的女生可能第一反应会是"这样穿真的可以吗?"或是"我好像不太能穿小腿裤耶!"其实不必这么小心翼翼对待穿着打扮,不需要老是被那些类似说不能这么搭的规则束缚自己,不亲身体验与尝试,怎会知道不合适或不喜欢呢?

　　时尚达人喜欢尝鲜,喜欢勇于摆脱那些条条框框,喜欢偷偷在家里花小心思为自己打造看似随意大方的造型,其实他们已经花了很多时间在琢磨了,哈,她们也喜欢默默观察身边会打扮的女生,并且乐于欣赏他人。懂得观察美和认同他人的美,也是提升自己审美度的途径。

　　每个成功的造型后面,都是一次次尝试、一次次的摸索以及一次次失败带来的经验,所以,女孩们,发挥你们的奇思异想以及创造力,规则永远是死的,尝试才是王道!

实用的时尚搭配法

成为时尚达人？谁都可以！

Three

节约又省钱的

一衣多穿法

Save your money-
one piece, more looks

记得我在写这本书的时候，在微博问过粉丝们最想看到什么内容，几乎百分之七十都说想看看如何一衣多穿，理由是，生活中总不可能想偶像明星那样，每天都穿不一样的衣服，也不可能每个人都拥有一个大衣橱。在资金有限的情况下，怎样才能让衣橱里的衣服搭配功能性提高呢？

　　确实啊，一衣多穿是我们生活中最实用也是最实在、最节约的搭配方式，能做到省下买衣服的钱，又能用一件衣服穿出新鲜感，让每一件衣服都能拥有多种焕然一新的搭配，两全其美呢。

　　而成为合格的时尚达人，善于一衣多穿也是必备条件！她们能够淋漓尽致运用一件单品展现出完全不同风格的搭配，彻底彰显了时尚达人的混搭功力！

　　因此，一衣多穿不仅能够帮你看住钱包，让你不至于随意花费不必要的钱添置新衣，还能训练出你的搭配功力。

成为合格的时尚达人，善于一衣多穿也是必备条件！
她们能够淋漓尽致运用一件单品展现出完全不同风格的搭配，
彻底彰显了时尚达人的混搭功力！

示范搭配单品 白色T恤

一件简单的白色T恤其实一点都不单调乏味，反而是百搭之品。稍加点心思，根据天气、场合或是心情，变换搭配方式，就可以穿出多套令人印象深刻的装扮！

2.白色T恤 × 高腰裤 × 男朋友针织开衫
干净利落的简约造型

1.白色T恤 × 宽松格子裤 × 绅士帽
欧美风休闲街头装扮

3. 白色T恤 × 彩色铅笔裤 × 高跟鞋
青春洋溢的街头装扮

4. 白色T恤 × 高腰阔腿长裤 × 印花丝巾
彰显复古年代的装扮气质

示范搭配单品 牛仔短裤

牛仔短裤本来就是修饰身材的好帮手,也是穿搭的经典单品之一。一款时尚百搭的牛仔短裤能搭配出N种风格的造型,但是要怎么样才能穿出独特的时尚魅力,就是一门学问咯!

1. 牛仔短裤 × 白色背心 × 皮革马甲
清凉的摇滚牛仔辛辣范儿

2. 牛仔短裤 × 宽松衬衫 × 墨镜
搭配富有垂坠感的衬衫,营造随意度假风

3.牛仔短裤 × 格子衬衫 × 牛仔外套
丹宁风格的街头范儿

3.牛仔短裤 × 紧身打底衫 × 修身小西装
端庄而不刻板的都市范儿

示范搭配单品 **半身及膝裙**

既复古又具有文雅气质的半身及膝裙,绝对是大多数女生衣橱里都会有的单品!半身及膝裙不仅可以掩盖不完美的大腿曲线,打造修身高挑的视觉感,稍作改变还可以让每一次的搭配都看上去与众不同、格外新鲜。

1.半身及膝裙 × 白色学院风衬衫 × 单肩挎包
整体柔和协调的感觉,衬托优雅干净的气质感

2.半身及膝裙 × 绿色短款针织套衫 × 粗高跟
大方又不失俏丽感的淑女装扮

实用的时尚搭配法

3. **半身及膝裙** × 黑色背心 × 金属项链
这身是可以参加派对的穿搭哦

4. **半身及膝裙** × 宽松针织套衫 × 宽檐帽
浑然一个街头俏皮女郎

chapter 3

第三章
看场合，穿衣服

Dressing according to
different situations

职场中的时尚女郎

走出大学校门，步入社会职场的女生经常会对明天上班要穿什么而烦恼。毕竟职场如战场，你的穿着不仅代表着你的气场，还会影响你给同事、上司以及合作伙伴的印象。

直接穿套装？噢，太死板了，说不定上司会以为你做事也如你的穿着一样，墨守成规；穿得花枝招展，你确定你是来上班而不是去开派对的？穿得嘻哈摇滚，你还是回学校玩乐队吧！穿成一身随意田园派，妹子，你这一身貌似是从奶奶的衣服上剪下来的吧。

首先，你要让自己看起来很职业，没有一位上司或是同事希望与自己共事的人看起来不务正业。

其次，要学会穿出不失时尚感和趣味感，这必定能为你的形象加分！保守无趣的职业套装已经被淘汰，除非你上班的公司要求穿。

再次，标新立异的穿着在职场上不是那么受用，当然，如果你是从事艺术设计类的职业，那就另当别论了。

上班女孩的妆容与穿着误区：

妆容NO（×）：

大红唇、烟熏妆、夸张的眼影，如蓝色或绿色系、浓密型的假睫毛……要记得，你是去上班，而不是去参加派对！

穿着NO（×）：

豹纹元素和皮草：不要让自己看上去野性十足、暴力十足！

过于闪耀的首饰：炫富倾向的装饰，会让同事认为你只是借上班来消磨时间。

夸张的图案：上班还是内敛一些比较好。

浓妆艳抹：这种妆容的女生，第一印象感都不会好到哪里去。

邹巴巴的衣服：对待衣服都如此随意，对待工作上的事还用说？

泛黄的白色t恤：女孩的整洁感很重要，不想让自己看上去脏兮兮的，就认真洗干净衣服！

暴露的衣服（例如深V领、大面积的透视、超短热裤）：暴露狂永远是女同事的公敌！

女孩们上班时别这么装扮哦.

看场合，穿衣服

妆容YES（✓）：

大地色系眼影、裸粉色或橘红色口红、清晰的眉形、淡淡的腮红、自然透气的底妆，清新自然的妆容效果永远是受大家的欢迎。

自信且自然的妆容
能让你增添印象分哦。

上班女孩的穿着要点：

海军风元素的单品：将海洋清新凉爽的感觉传染给身边的同事。

纯色针织套衫、衬衫（切忌光面布料的衬衫）：这两者都是职场装必备的单品，看上去不仅干净利落，而且够正气！

西装九分裤：九分裤可以微微露出你的脚踝肌肤，不会过于暴露的同时还能增加女性魅力。

及膝半裙：不长不短，恰到好处。

五厘米高度的高跟鞋（切忌大红色！）：穿上高跟鞋的女生看上去自信、有气场、身姿提拔，而五厘米的高度是最适合上班穿搭的。

小西装：以黑色、浅灰色、宫廷蓝、白色、棕色为首的西装最合适。

简单款包包：定期整理包包，只放真正需要的物品，多余的杂物一律拿出。

穿得好看，工作的心情也美。

看场合，穿衣服

I have the best job
I love my work

关于我的工作....
About my work ....

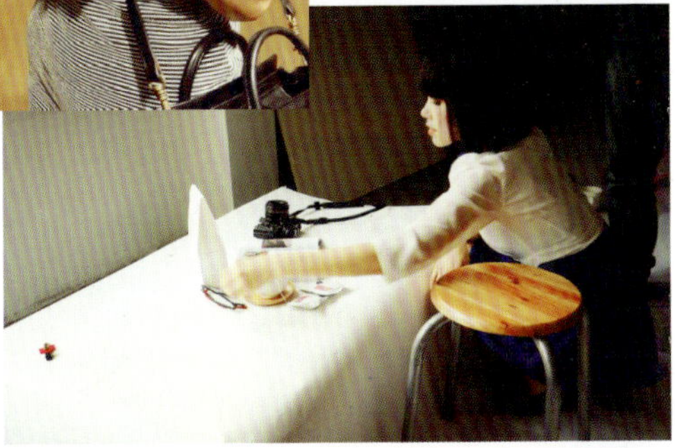

我非常享受和热爱我的工作，可以说我的工作内容全都是和"美"有关的事情，博主（blogger）、服装买手和服装搭配的职业身份，让我接触许多有关美的事物。

工作本身不是一件快乐的事情，因此，更需要用快乐积极的心态去工作！

忙碌并非让我疲惫，而是让我拥有成就感和满足感，在工作的过程中，不断地更新自己，提升自己的时尚敏锐度，也需要经常阅读大量的书籍，吸收新知识。

Two

约会的

甜蜜时刻

Sweet moment in dating

刚谈恋爱的时候,一想到第二天要和对方约会,就会小鹿乱撞。明明不是什么大事件,却比考试还紧张,蹲在衣橱面前研究老半天到底要穿什么才会吸引到对方;又担心穿得太过会给对方不好的印象,一晚下来,将衣橱里的衣服都翻遍了,却还没落实最终要穿的搭配。

其实,无论是初次约会,还是与固定的恋爱对象共进晚餐,首先,你的装扮就是要看起来自然舒服,你穿起来舒服,然后也让对方觉得你自然美丽,但是这种"自然气质"并不是随随便便地不经修饰,而是要精心修饰以做到"自然不做作"的效果。

其次,自信比香水更加派得上用场。你吸引对方的关键不是在于拥有名模的身材或是女明星无可挑剔的面孔,你那股自信却不自负的气质才是真正能打动人心的。

> **自然不做作 最打动人心**

**你的装扮最重要的就是看起来自然舒服,
你穿起来舒服,然后也让对方觉得你自然美丽,
但是这种"自然气质"并不是随随便便地不经修饰,
而是要精心修饰以做到"自然不做作"的效果。**

沉浸在恋爱的女孩，错误的装扮要点：

1、穿着过于暴露：袒胸露乳的衣服只会吓到男生，若隐若现才是最吊人胃口的。

2、不看场合穿衣服：例如约会对方是高级餐厅，你却穿得休闲随意；去和他的父母聚餐，你却穿低胸装；一起去看篮球比赛，你却穿着短裙加高跟鞋，诸如此类的穿错衣服都是大忌！

3、颜色太浓艳：大红色的连衣裙、黑色的指甲油、紫红色的口红、一抹黑的眼影，你认为很独特的装扮，或许在他眼里会很吓人吧。

4、过多的珠宝首饰点缀：这么珠光宝气的装饰，不仅会看起来老气，而且会让男生觉得你是物质拜金女。

5、不舒适的鞋子和衣服：很多女生也包括我，曾经为了应付约会，前一晚临时跑去商场购买新衣服，为了让自己看起来更有新鲜感。然而真正到了约会时发现，穿上新鞋走路很别扭，而新衣服貌似坐着站着都不舒服，而你的不适感会很不经意地流露在表情中，对方很容易误会你是不是和他约会不舒服，会让他也觉得不自在。穿平时穿过且喜欢的衣服，穿合脚好走路的鞋子，舒适是最重要的！

正确的装扮要点：

1、 柔嫩色系的衣服单品：如同恋爱的心情一样，柔嫩色的衣服能让你看上去甜美动人，衬托肤色的同时，还能营造一股清新自然的气质。

2、 简洁时髦的洋装：穿上一款简洁大气的洋装，胜过将全部名牌用于一身，但简洁不等于简单，你可以挑选剪裁不复杂、图案特别的款式。切记不要选有亮片的洋装，那样会让人觉得你想要去夜店似的。

3、 精致小巧的包包：我还真的建议大家约会时不要背着大大的挎包或是单肩包，你是去约会，不是去买菜，而且大包包会让搭配整体看上去很累赘，你只需带关键的东西：粉饼、钱包、口红、钥匙、手机，这些物品能装进去就够了。

4、 优雅的配饰：穿大圆领上衣或是微低领的上衣时，脖子上戴一条别致的项链，可以将他的目光转移到你迷人的锁骨上，增添小性感；或是扎起马尾佩戴一对闪亮的耳环；又或是戴上一款优质的手表，我个人认为女人的手腕其实是最性感的，让他注意到你的纤细手腕，还真的有那么一些增加心动频率的机会。

5、 一个漂亮的内衣：内衣是穿在里面的，为什么要如此注意呢？我觉得女人再如何节省，在买内衣上绝对不能省，一款能修饰体型、样式好看、材质舒服的内衣，绝对能让你由内到外散发出自信、性感的气息。性感的蕾丝肩带、舒适柔滑的丝质材质、可以收拢胸部的款型，都是我的内衣首选。

YES

看场合，穿衣服

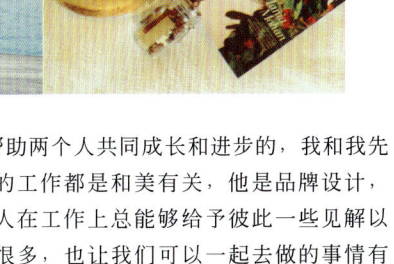

看场合，穿衣服

积极的爱情应该是能帮助两个人共同成长和进步的，我和我先生就是这种模式，我们俩的工作都是和美有关，他是品牌设计，我是服装搭配和买手，两人在工作上总能够给予彼此一些见解以及意见。我们共同的兴趣很多，也让我们可以一起去做的事情有更多选择，并不是单纯地谈恋爱。我们是恋人，也是工作上的好伙伴和生活中的好朋友。

99

品味相称的闺蜜

不知道你们是否有追过美剧《欲望都市》，我可是从1998年的第一季到2003年的最后一季每一集都没有错过。与其说这部美剧是在描述都市女人的欲与情，还不如说是一场时装的视觉盛宴，以及描画了那些我们向往的女人之间的美好友情。

每一次出场，她们四人的着装都这么符合她们的个人气息，尤其是每一集几乎都必定出现这四位纽约客女郎相聚下午茶，每一次喝下午茶时她们的穿衣打扮，足以让我目光停留在她们身上许久，反而剧情说了啥都不知道。虽然她们也会偶尔有争执、闹别扭，但总是不约而同地和好，依然会坚持定期喝喝下午茶，聊聊心事。虽然她们每个人都有着自己感情上、事业上的烦恼，但是相聚时刻都是如此的欢乐，她们畅所欲言，彼此倾诉和打气。

我想，剧情里的这些情节也会发生在我们的身上。有些话我们不能对着男友倾述，他们不懂也不理解，有时候我们需要的不是一个肩膀，而是需要一个倾诉对象，有些情绪，还真的是只有闺蜜才能体会到，置身之地换位思考。女人如果没有几个知心闺蜜，那她的世界真的会很难过；拥有一两个自己信任且有着同样品位的闺蜜，很多时侯她的一句评价和建议都可以为在犹豫迷惑中的你提供可靠的帮助。

随着工作的繁忙和生活上繁琐事情的增加，周末与姐妹相约一起喝下午茶的时光则变得非常珍贵，终于可以卸下平时的包袱，好好和她们畅聊一番，享受轻松的自己。

但是你真的会穿得马马虎虎去见你的姐妹吗？我想即使是好朋友，还是会在心里暗自打量对方的着装，心里偷偷地想"我今天穿的这一身会不会被她们认为不好看？"虽然不是与男友约会，但这是一场"女人之间美的较量"，既不能穿得邋遢，也不能穿得妖艳和夸张。同是女人，若你不想让女友心里不爽的话，还是细心对待这个装扮细节吧，好看舒服且不做作的穿着才是你需要的。

赴约闺蜜下午茶的着装秘诀：

1、**谢绝隆重的装扮**：下午茶的气氛是轻松愉快的，紧身连衣短裙、戴着闪耀的配饰或是大红高跟鞋，这种装扮能让闺蜜产生"你是来和姐妹赴约还是过来招惹男性搭讪的？"的想法，要知道，闺蜜也是女人，大家相聚一刻是为了聊天，而不是一起吸引帅哥的。

2、**美帽一顶**：如果赴约那天你实在没时间弄发型，那就戴上一顶时髦大气的帽子出门吧。对于时尚达人来说，一顶帽子实在是功用无穷，可以帮你遮住乱糟糟的头发，还能增加穿搭个性，有多少街拍明星都少不了一顶个性鲜明的帽子。与姐妹的聚会，你可以佩戴一顶鲜艳色系又或是浅色系的帽子，修饰你脸型的同时，让整体穿搭看起来更加时尚大方。推荐帽子：圆顶小礼帽、宽檐软呢帽子、草编礼帽。

3、**宽版上衣搭配剪裁合身的裤装或是裙装**：这样的搭配既舒服又时髦大方。在闺蜜面前大露事业线还真的不合适，相比之下，穿上宽版的上衣，例如衬衫、针织套衫，或是T恤，搭配紧身印花小腿裤、牛仔九分裤，又或是迷你短裙、短裤，让你举手投足之间都散发出亲切动人的气息。

4、**清香淡雅的香水**：我个人是比较排斥和女友聚会时，从她身上传来一股浓厚的香水味，如同古龙香水般要把你给迷晕，甚至味道要把餐桌上的甜点香味都给盖住，食欲顿时丧失。出门前，在手腕处或是颈部附近喷上一点花香型或是果香型的香水，或是将香水喷在空气中，让你全身沐浴在洒落在空气中的香水分子里，可以让香气均匀地落到你的肌肤上（避免碰到脸部肌肤）。

5、**太阳眼镜**：姐妹的聚会其实不需要太刻意去画一个精致的妆容，戴上一副与服装相衬的太阳眼镜，不仅可以遮住你的黑眼圈或是倦容，还能让你的装扮看上去更加有"星味"，为形象大大加分哦。

看场合，穿衣服

103

成为时尚达人？谁都可以！

关于我的友情....
About my friendship....

生活中，我并不是那种经常约朋友见面的人，工作的性质以及忙碌的状态，令我在时间上总是和朋友们错开，于是难得的见面和聚会，会让我抛掉工作上的思绪，全身心地和朋友们畅聊。我不太喜欢和朋友们抱怨工作的事情，我更喜欢和他们分享我最近的见闻，以及听他们诉说他们的近况。真正的朋友，应该是能与你分享任何事情的，但我更乐意分享快乐给他们。

行李也得事先"规划"

旅行对我来说始终都是件大事情，无论对于像我一样的SOHO族，或是都市白领女性，又或是在校大学生，旅行的意义由始至终都这么的清晰。逃离日常琐事，放下工作与学业带来的压力，收拾行李开始一段美妙的旅程。

我给自己定的旅行计划是每年去2~3个地方远足，在异国或是陌生的城市中，找寻另一面的自己，挖掘生活新发现。每一次出发前收拾行李的过程中，我总是充满了幻想、激动与好奇，我一边幻想着到了那个国度和城市，我会穿着什么样的衣服，遇见怎样的新朋友，看见怎样的风景，使我更加迫不及待地开启旅程。

可是再怎么迫不及待，也得将自己的行李认真审视一番。旅途的行程未必要精心策划，随意之时总能遇见让你惊喜的风景，但是旅行的装扮却是需要仔细想清楚，哪些衣服单品需要带，哪些可以穿，哪些没有必要甚至不一定会穿。我们好不容易争取一个假期让身心放松，为何要让自己的行李成为累赘？喜欢什么衣服就往行李箱里面塞，结果行李箱快塞爆了，到了目的地之后才发现，其实真正能穿上的也只有三分之一不到。

每一个时尚达人的行李箱，包括她们的旅行装扮，都是经过充分准备以及规划好的。她们知道在这段未知的旅途中，自己要扮演的角色就是轻松自我，因此，轻松、自在、舒服、时髦感的装扮单品是必备的。

乘坐飞机的装扮要点：

1、鞋子 —— 休闲鞋、平底鞋、粗高跟、坡跟鞋，避免细高跟

　　前往机场以及坐飞机时还是尽量穿上平底鞋和休闲鞋为好，拉着行李箱走起路来也不会觉得别扭。我是那种活在高跟鞋堆里的人，即使这样，我还是会将高跟鞋换成好走路的粗高跟或是坡跟鞋，至少我在慌忙中过安检、掏护照时还是保持美好的姿态，而不是一边赶飞机，一边歪歪扭扭地走路。

2、衣服 —— 薄针织衫、围巾披肩、小外套、棉料裤装，避免背心、短裙、紧身牛仔裤

　　尽量不要穿短裙、背心或是薄衬衫，飞机上的寒冷空调会让你坐立不安、冷得哆嗦。应以柔软舒适能御寒的衣服为首选，当然为了好看，你可以带上一件小巧精致的首饰作为点缀。

3、护肤品 —— 保湿喷雾、保湿手霜或乳液、润唇膏

　　飞机上干燥的空气让肌肤紧绷，若你搭飞机时长比较久，我不建议你带妆上机，长时间带妆对肌肤伤害性大，可以在飞机上做个保湿面膜或是睡眠面膜，也要给手和颈部搽上保湿乳液，这样下飞机后肌肤也会水嫩光泽。假若你必须要带妆，那么可以定时给肌肤喷上保湿喷雾，补充足够的水分，飞机即将着陆时，抹上粉嫩色的口红和腮红，让气色看起来更加红润饱满。

时尚达人的旅行装扮秘诀：

1、T恤和牛仔依然是简单且舒适装扮的必备；再熟悉不过的简单T恤和牛仔下装，确实是还原真实自我的必备单品。

推荐T恤：横条纹T恤、LOGO T恤、纯白T恤、摇滚风短T恤。

推荐牛仔下装：高腰牛仔裤、做旧牛仔卷腿裤、牛仔热裤。

2、简约时髦的凉鞋；如果你的目的地是热带国家，那么一双将当下时髦元素融入的简单款凉鞋是必需之品。不要选择带有金光闪闪珠宝装饰的鞋子，太过于华丽了；简约帅气，又不失优雅淑女气息的凉鞋，不仅走起路来清新凉爽，还能增添搭配的时髦女人味。

3、连衣裙单品： 连衣裙是我认为最省事，也最显气质的旅游装扮必备单品。任何一种风格的连衣裙，只要稍加一些点缀，如大檐帽、太阳眼镜、夸张的耳环、项链等，就可以让你的旅游照片看上去美丽动人且充满生气。

推荐连衣裙：波西米亚异国风、民族风花纹、吊带背心连衣裙、露背连衣裙、雪纺连衣长裙、印花连衣裙等。

4、风衣外套： 到一个寒冷的国家，一件经典大气的风衣外套比围巾来得更实在！风衣是非常百搭的单品，无论是搭配牛仔修腿裤，内搭连衣裙，又或是条纹衫、针织套衫都绝对没问题，依然能造就时尚淑女气场。

推荐风衣：卡其色风衣、深蓝色风衣、军装风风衣。

5、炫目饰品戴起来： 行李箱里可以多准备耳环、项链、手链这些小巧的单品，它们都可以为你旅途中每一天的造型锦上添花。当然，你也可以在当地小店淘具有当地特色的饰品，让装扮更有"入乡随俗"的感觉。

看场合，穿衣服

如果说工作是为了证明自己的能力,那么旅游对我来说就是生活的灵感来源。我喜欢在旅途中找寻灵感,一年会出国旅游两三次,加上工作的原因会经常一个人出差,在异国或是异地的时候,细心留意当地的文化以及当地人民的服装风格,都能给我许多奇妙的创意想法。

chapter 4

第四章
我的衣橱里
那些不可或缺的时尚单品

Indispensible fashion
accessories in my closet

拥有象征自己风格的单品

有很多网友经常在我的微博和博客留言发表她们的感慨，为什么你的衣服总是那么夺目，你的衣橱到底是藏了多少衣服呢？其实，要打造简约大方、流露出自然的时尚气息的装扮，并不需要拥有每一季度的品牌流行单品，也无需像明星一样拥有超大的衣帽间，里面挂满了琳琅满目、无法数清的衣服。我的衣橱里，一些特定风格以及元素的单品，都是我个人风格装扮不可或缺的，充分利用这些单品，结合搭配技巧，就能混搭出多样风格的装扮。

那下面就一起瞧瞧，哪些时尚单品是我的衣橱必备？它们又有怎样的造型技巧呢？

风情万种的 印花单品

印花可谓是我众多衣服单品中不可错过的时尚元素,它不仅不会过时,而且还能展现女性的柔美风情感,无论是短袖衬衣、长裤、短裙,又或是连衣裙,都必定有一款是印花的元素。

我的搭配技巧

众多印花单品中,最容易驾驭的就是印花连衣裙,例如热带印花图案、大花朵图案、抽象感印花等,都各有它们的风情魅力。度假时可以选择雪纺印花长裙(短裙也可以),搭配草编大檐帽和凉鞋,打造明媚清爽且惹眼的度假装扮。若在正式场合,例如约会、观看展览等,则可以挑选印花图案比较低调或是带抽象艺术感图案的裙装,搭配简单的配饰即可。

印花小短裤也是我最爱的印花单品之一,搭配纯色系的上衣、简单的衬衫、v领针织衫,便能散发出高雅气息且有些小随意的感觉。

时髦度加倍的 彩色单品

赤橙红绿青蓝紫，这些颜色在我的衣柜里绝对能找得出来。一个时尚印象感强烈的穿搭往往通过一件彩色单品即可打造，鲜艳明亮的色系不仅能显肤色白，穿上身后让心情也变得美好愉悦。每一个颜色结合不同类型的单品，都可以穿出自己想要的时髦感。

我的搭配技巧

彩色单品的搭配也是很考验穿搭技术的，没有说哪两种颜色不能相配，也没有哪几种颜色绝对相配。

我自己的颜色搭配经验是：粉色配玫红色，显现柔媚淑女气质；姜黄上衣配卡其色长裙，欧美文艺街头感；玫红色西装外套搭配纯白内搭和下装，轻熟女格调；薄荷色毛衫搭配白色西装九分裤，提高颜色对比度增添帅气个性；浅蓝色搭配深蓝色，同色系搭配法凸显小清新的时尚感……

彩色单品的搭配其实很好玩，多尝试一些自己未曾接触过的颜色单品，你会有很大的惊喜！

摩登感的 皮革单品

皮革单品不是秋冬的专利，现在连夏季都可以穿上皮革单品，例如皮革短裙，皮革无袖TOP又或是皮革马甲，皮质的硬朗与帅气使得皮革类单品成为打造都市摩登造型的必备单品之一。想让造型来点与众不同，换上一件皮革单品，增加酷郎的姿态感，无论是欧美明星又或是时尚达人，都拥有不止一件的皮革单品。

我的搭配技巧

最容易搭配和驾驭的莫过于皮革下装，像皮革短裤或皮革半裙，搭配简单的白色T恤，建议配上短靴和小礼帽，这身装扮非常适合逛街或是参加音乐会，如果想更加俏皮，来一副墨镜吧！

皮革外套和皮革连衣裙同样出彩，在色彩的选择上，黑色、宝蓝色以及红色比较普遍也好搭配，担心太过犀利则可以用连衣裙搭配皮革外套，中和整体的硬朗感。

皮革所具备的摩登时尚感，能让偏向甜美清新的连衣裙增添时髦度。

经典不衰的 条纹单品

我可以说，条纹绝对是每个人衣橱里不可或缺的元素，它经典又容易驾驭，无论是通过它打造休闲度假风，又或是OL轻熟女风还是欧美街头风，都不是问题。黑白条纹、红白条纹、蓝白条纹、蓝红条纹等，各种颜色条纹的组合都各有它的味道，而条纹单品也不局限于横条纹，竖条纹也可成为增加造型趣味的元素。

我的搭配技巧

虽然条纹单品十分好驾驭，但若不会选择好看时尚的条纹单品，不仅会让人显得胖，且整体感也会显得呆板。在选择条纹单品时，可以选择独特且容易搭配的条纹以及款式，例如宽条纹上衣、黑白竖条纹高腰裤、海军风蓝白条纹上衣、红白横条纹连衣裙等。

搭配方面，可以尝试用横条纹上衣搭配竖条纹高腰裤，不同类型的条纹碰撞产生视觉上的艺术感；宽松的横条纹上衣搭配剪裁合体的西装九分裤，一定要穿上高跟鞋，营造高挑好身材的感觉。

条纹单品通常都比较简洁，可混搭金属感的项链或是彩色手镯。

4

我的衣橱里，那些不可或缺的时尚单品

柔美复古的 蕾丝镂空单品

越来越多品牌都出现将蕾丝和镂空这两种元素相结合的款式，蕾丝的柔美以及略带性感的镂空，赋予着女生独有的魅力和浪漫气息。而蕾丝镂空的单品，无论是上衣、连衣裙，又或是半裙，其独有的柔美复古气息以及若隐若现的小性感，都可以让你的穿搭产生迷人的效果。

我的搭配技巧

如果你的穿衣风格不是那么的个性，要避免太过鲜艳的蕾丝镂空单品，否则会有些俗气，选择一些清雅的颜色，会让你散发出优雅的气质。

可以混搭一些中性的单品，例如白色蕾丝镂空连衣裙配上黑色西装，营造干练坚毅的感觉；或是裸粉色蕾丝镂空上衣，搭配黑色皮革短裙，温柔甜美中也不失时髦帅气感。

款式和剪裁上也尽量挑选简洁利落的，所佩戴的首饰也以简单为主。

个性百搭的 T恤单品

越是普通越是重要，一件T恤也可穿出街头时尚装扮。在我的衣橱里有着众多风格的T恤单品，它们可以帮助我打造俏丽、简约、帅朗、复古等格调的造型。在很多人眼里，T恤是一个完全不起眼的单品，但是只要搭配得当，花点小心思，再普通简单的T恤也能搭配出闪闪发亮的造型。而我日常生活中所喜爱且百搭的T恤单品有摇滚风的、纯白的、鲜艳色系的、LOGO印花系列等，有些看似男性化的T恤也一样能打造女性独有特质的装扮。

我的搭配技巧

改变T恤+牛仔短裤的固定搭配法（可参考前面一衣多穿的T恤搭配章节），改为搭配有图纹或印花的下装，会显得更有女人味哦。

采用撞色搭配法，上下颜色的强烈碰撞，使时尚潮流感涌现。

> 尝试用浮夸的摇滚风T恤搭配修身下装，例如高腰短裙、束腰短裤，并且一定要将T恤塞进下装里去，展现窈窕纤腰。

6

我的衣橱里，那些不可或缺的时尚单品

混搭最佳的 牛仔单品

牛仔布的单品给人一种休闲、粗糙之感，但其实牛仔单品对我而言反倒是混搭造型的最佳单品！它可以甜美，也可清新复古，更可以帅气潇洒。在我的衣橱里，牛仔外套、牛仔衬衫、牛仔小腿裤、牛仔做旧破洞卷脚裤、牛仔连身裤等，这些单品无一不成为打造时髦造型至关重要的一员，甚至现在还出现新潮的牛仔西装套装。拥有一款经典不衰且合适自己的牛仔单品，可以让你的造型散发出牛仔独有的英朗魅力。

我的搭配技巧

"牛仔裤+T恤"的组合虽然是印象中的固定搭配，但很容易看上去过于平凡和随便，因此请放弃搭配球鞋！换上一双尖头高跟鞋，整体气场马上提升！

挑选牛仔单品不要局限于牛仔裤，可以多留意类似牛仔马甲、牛仔短款背心、牛仔短裙或连身高腰长裤。

从男朋友衣橱里借来的宽松牛仔衬衫是混搭"利器"，内搭碎花连身短裙或是搭配紧身下装，都是不错的搭配选择。

出色的牛仔款型能让牛仔布的粗糙随意感化为不寻常的高级街头时髦感。

搭配质感"重"在腕表

配饰在整体造型中起着关键的点缀作用，而凸显搭配质感的最关键配饰则是腕表，观察各种欧美街拍中的时尚潮人，不难发现，他们手腕上都有那么一款精致显眼的腕表，它除了为造型加分之外，也代表一个人的身份以及品位。无论是对于男人或是女人来说，一款与自己气质相衬的腕表，是决定你整体造型成功与否的关键。成功的造型更应该是要追求细节品质之美。

有些女孩对腕表并不是那么重视，认为它只是时间工具而已，随便花个一两百元在网上淘几个，但这种错误的观念也易导致你的装扮造型无法展现品质感。对一个时尚达人，尤其是对女人而言，腕表不再是单纯的时间工具，而是一件奢华的装饰品，为自己的装扮加分。腕表不在于多，你无需拥有不同款式，但必须拥有一块款式大气、富有档次的腕表。

我的搭配技巧

腕表款式的选择上，我更倾向于选择偏中性简洁化或是充满设计感的款式。中性腕表拥有一种大气的性感，搭配西装外套或是小礼服，能散发出别致的气质；而拥有一两块具备设计感的腕表也是不错的，尤其是搭配一些简洁单品时，有设计细节感的腕表的点缀作用是不可忽视的。

腕表的颜色选择上，玫瑰金、纯黑皮革、纯白色配合珠宝工艺的腕表更能体现造型质感。

> 尝试手表+手链的搭配法，这种一加一的搭配法能凸显搭配细节的精致，只是所佩戴的手链或手镯应与手表相衬，而不是产生不伦不类的感觉。

时尚度"保值"的包包

无论时间在走、潮流在变,但每个时尚达人都应该有几款时尚度依然保值的包包!衣橱里的衣服可能会随着时尚指标的变化而面对过时的情况,但是包包却能经得起岁月的考验,如同现在许多时尚人士都偏爱妈妈那个年代的复古包包,包括我也是,幸好母亲一直对物品爱护有加,将她年轻时自己用过的包包完好地留给我。

随着阅历和见识的增长,对于选购包包这件事情,我从以前那种花小钱买好几个款式的包包的消费观,变化为宁愿平时少花点钱,也要买一个时尚经典且质量好的款式,不再于它的品牌,而在于它本身的实用性以及时尚度。

花点钱投资在包包身上,如同给自己的时尚投资一个保值的潜力股,但正因为包包的投资不小,因此我们面对琳琅满目的包包款式更要慎重,考虑清楚哪些款式适合自己的日常穿搭,哪些款拥有与你不谋而合的默契。

我的搭配技巧

我的包包并不多,所拥有的款式主要是根据场合以及实用性进行选择的,包括出席派对和晚宴必备的手拿包、日常穿搭用得比较多的复古棕色挎包、百搭的基本款黑色系包包、奢华感的鳄鱼皮包、通勤装扮的公文包,还有几个用来搭配的小型号单肩挎包。

不同款式的包包所具备的功能是不一样的,且所针对的装扮也是不同的。应看准场合选择相对应的包包,正式的场合选择色调中性的款式,晚宴场合可以挑选奢华材质的手拿包或是挎包,逛街穿搭用容量比较大的包包,约会时选择经典不浮夸的淑女包。

> 不同款式的包包它所具备的功能是不一样,且所针对的装扮也是不同的。

"足"以优雅的美鞋

女人对鞋的痴迷与热爱是男人无法理解的,尽管鞋柜已经塞满各种鞋子,明明昨天已经买了一双新鞋,但依然觉得内心无法满足那种对鞋子的热爱。还记得《欲望都市》里女主人公凯莉对高跟鞋的痴迷程度,将每一双她所买下的鞋子视为珍藏品,每一双鞋子都拥有她一段故事的记忆与她所寄于其中的感情。鞋子对女人而言不再是方便走路的用具而已,而是气场的标志、气质的承载体。举手投足间的优雅,也在鞋子上充分体现。

而我日常搭配中,这四款鞋型是最常见和必备的:

短靴:我偏爱卡其色、棕色和黑色系,这三个色系的短靴的搭配度颇高;在寒冷冬季时搭配厚裤袜和大毛衣的装扮是我个人非常钟爱的。

尖头高跟鞋:凸显搭配高级感和女人味的必备单品,尖头高跟鞋可以让身形呈现优雅的弧度。款式方面建议选择简约的,亚光面和纯色系非常适宜穿搭。

粗高跟乐福鞋:乐福鞋属于基本款的鞋型,有种淡淡的书生气息,因此我会选择混粗高跟设计的乐福鞋,保留了乐福鞋的复古休闲气息,还可以展现淑女气质。漆皮材质的粗高跟乐福鞋则是我搭配中出现率颇高的款式,稳重的深蓝色系则是不二选择,百搭且时尚耐看,无论是搭配西装九分裤还是连衣裙,都能很好地衬托造型。

细高跟凉鞋:这类鞋是我夏天装扮中绝对不可缺少的鞋子单品,虽然它对于一些女生来说不是那么容易驾驭,走起路来难免会有些不适应,但是它给造型带来的美感又能让这种不舒适冲淡,为造型增添几分性感和女人味。

IO

我的衣橱里，那些不可或缺的时尚单品

chapter 5

第五章
时尚人生的关键
Key issues in life

成为时尚达人？谁都可以！

One

美丽需要花心思

Beauty needs thoughts

开启自己的美丽工程

如果说天生丽质是父母给予你最好的礼物，那你应该认真用心地对待这份礼物。如果你对自己的样貌不自信，烦恼肌肤出状况，那更加应该花心思去改善它。

我曾经是一个甚至看着镜子中的自己都会觉得失落的丑小鸭，没有浓眉毛翘睫毛，没有炯炯有神的大眼睛，没有高挺的鼻子，我暗自羡慕那些拥有这些我所没有的女孩，内心对自己说道"难道我一辈子就只能活在羡慕他人之中，我可以改变自己吗？"

幸运的是，我有一个爱美的母亲，她让我知道坚持喝牛奶可以美白肌肤；她在我晒黑之后自制蜂蜜牛奶面膜给我敷脸；她送了我人生第一个粉饼，告诉我出去玩的时候可以画点妆，让气色更好看些；她每周都会煮猪脚姜给我吃，并提醒我说多补充胶原蛋白，肌肤才会滑嫩；她在我每天下班后泡上一杯红枣桂圆花茶给我喝，说多喝肌肤才会红润……

从来都没有真正的丑小鸭，与其自哀自怜，还不如花些心思和金钱在"美丽工程"上，呵护自己的每一寸肌肤，为自己添置让五官变得更为生动的美妆单品，每天给自己泡壶美颜花茶，偶尔奢侈一下做个SPA，让身心愉悦……

时尚不仅仅是穿衣打扮，它更是一种美好的生活态度，学会善待自己，实现由内到外的美丽，享受用心"美化"自己的满足感。

我的保养要点

☆ 每天早晚洁面后马上涂抹化妆水

洁面后立即使用化妆水为肌肤补充水分，而我早晚使用的化妆水分为两种不同功效：白天我使用美白功效的化妆水，可以帮我防止日晒或是电脑辐射所形成的雀斑；晚上则使用保湿舒缓啫喱型的化妆水，在夜晚睡眠时刻帮助肌肤锁水，同时舒缓和修复肌肤。

☆ 尽管不出门也必须擦防晒

室内的灯光以及电脑辐射都会容易使肌肤长出雀斑和黑斑，因此必须在完成基础保养后擦防晒。在室内时可以使用防晒系数不高的防晒产品，担心肌肤油腻的话，可以轻轻涂抹一层。

而在户外的时候，我会随身携带一支防晒露，每个三四个小时补擦一次。

★ 勤做面膜不偷懒

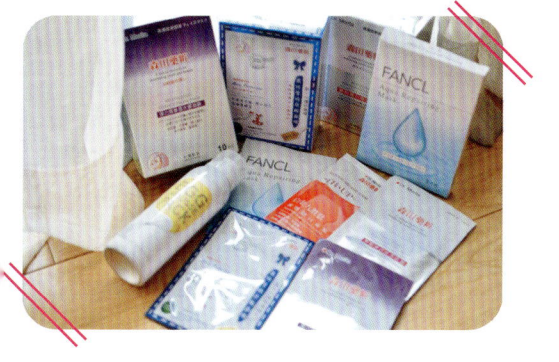

基本上每隔一两天我都会敷一次面膜（面膜不要天天敷，否组肌肤会营养过剩），补水保湿类的面膜用得比较频繁，肌肤保湿工作做好，才能真正达到美白的效果。无论是在飞机上，还是洗脸过后，我都会使用保湿面膜，睡觉时我会用果冻状的睡眠面膜；美白类的面膜一周用两至三次；舒缓保湿面膜在肌肤特殊状况时或是晒后使用。

★ 基础护肤步骤缺一不可

我每天的护肤步骤为化妆水—精华液—眼霜—乳液或乳霜，无论明天起多早，今晚有多累，我都会坚持将每一个步骤进行透彻。但不同年龄层的女生其护肤步骤也是不一样的，20岁出头的女孩可以省去精华液和眼霜这一步，只用基本的水+乳液即可；而25岁以上的女孩，肌肤已进入熟龄阶段，就得开始注重眼部肌肤的保养，以及必须要开始使用适合的精华霜了；另外，我建议护肤品选择上最好是配套使用或是选择同一个品牌，不要自己搭配护肤产品，不同品牌的护肤产品，其功效或许会相抵触，也难怪会有很多女生经常会疑问为什么用了这么久一点效果都没有。

☆ 每天喝六杯绿茶

从我高中开始,已经养成每天必喝六杯绿茶的习惯(建议喝用白纱布包绿茶茶叶泡的,而不是茶包型)。绿茶不仅能防电脑辐射,还可以使得肌肤抗氧化,另外,对于像我这种对食物没有抵抗力而且爱吃夜宵的女生,喝绿茶能起到很好的瘦身尤其是瘦小腹效果,前提是必须坚持每天喝,生理期除外。喝绿茶最好的时间是在吃饭后一个小时、吃饭前一小时,睡前两小时不宜喝,否则会失眠。

☆ 不容忽视的身体护理

除了给自己的脸部进行保养,身体肌肤也需要格外地呵护。我的书桌、梳妆台以及包包里都会放一只滋润手霜,无时无刻给手部肌肤补水滋润,因为女人的双手是她的另一张脸;洗浴室、洗脸盆和卧室床头柜都会摆放一瓶身体滋润乳液,尤其在洗完澡之后,水分丧失得很快,应该及时给予身体肌肤足够的水分,才不会引起皮肤干燥起皮屑和粗糙不光滑。

肌肤保养不得偷懒.

我的妆容小秘密

★ 看季节换粉底

春夏秋冬的气候不一样，因此粉底的使用也需要根据气候进行更换。一般夏天我会选择防水透气且持久的粉底液，这样底妆在高温之下可以耐得住汗水和油脂的"折磨"；而干燥的秋冬季则会换成保湿力强或水分比较足的粉底霜；另外，开封后的粉底应在一年内使用，否则会因氧化而变质。

★ 大地色系的眼影永远是最爱

T型舞台上或是平面杂志上的模特画了个性的糖果色眼影或许很好看，但生活中的我们未必适合如此浮夸的造型，尽管我还是偶尔会在派对上画个蓝色眼线或是紫色眼线，但平时还是以大地色系的眼影为主，采用渐变式的眼妆画法，可以让眼睛显得炯炯有神且深邃。

★ 腮红要下手轻

杂志上许多平面模特的脸看起来都是红彤彤的，非常可爱，但实际上他们在私下的腮红是特红的，因为拍摄时打了光会减弱腮红的色度。但平时我们化妆大多数不需要上镜又或是上舞台，因此画腮红不宜下手太狠，轻轻用腮红刷在两颊处画圆扫开即可。我个人比较常用的腮红画法是在涂抹完粉底液之后，用手指蘸上一点腮红膏或是胭脂水，在颧骨高处点上，然后慢慢由内向外涂抹晕开，最后再用蜜粉轻轻盖在腮红处，这样看起来更加自然。

★ 干燥季节时打底妆前 先敷保湿面膜

在秋冬季，粉底很容易因为肌肤干燥而难推开，妆容不够服帖，因此打底前的基础护肤步骤中，我会再多加一个"敷面膜"，在洁面后、涂抹化妆水之前敷上保湿力较强的面膜，让水分充分渗透在肌肤层；又或是得知第二天需要化妆，可在前晚睡觉时敷上睡眠保湿面膜。

学会化妆，让你更有气色。

★ 比起唇蜜更偏爱亚光口红

尽管唇蜜会让嘴唇看起来水嘟嘟的，但是同时也会看起来黏乎乎的，使恋人不敢亲近你，风吹乱头发的时候，发丝还很容易沾到涂抹了唇蜜的嘴唇上，弄得满发丝都是唇蜜。亚光口红不仅显得妆容有质感，低调却不失华丽，不同颜色的亚光口红能凸显不同的气质，但若你的眼妆已经比较浓了，请不要涂抹大红色或是艳色系的口红，应换成裸粉色或是肉橘色色系的口红。

★ 善用遮瑕膏

比起猛用粉底液遮住脸上的雀斑和黑眼圈使底妆厚得如同面具般，还不如用遮瑕膏遮住那些小瑕疵。我一般会用专用的遮瑕刷蘸取适量的遮瑕膏点在雀斑、黑眼圈的位置，然后慢慢用指腹晕开，千万不要一下子蘸取太多，否则遮瑕膏会很容易在肌肤上结成一小块，十分不自然，并且遮瑕膏应在粉底液之后、蜜粉之前使用。

美化心情和气色的小物

★ 品茶品出慢生活

除了每天必喝的绿茶之外，我也收藏了来自不同国度和地区的茶，有印度大吉岭红茶、英式伯爵茶和皇家红茶、德国水果茶、新加坡TWG早餐茶、中国乌龙茶、龙井茶和碧螺春等、不同味道的茶带给我不同的心境，喝着热腾腾的茶，闻着茶清雅的香气，回味着茶的甘甜口感，使整个人的身心状态都放慢和放轻松，我会配合精致好看的茶具来泡茶，享受喝茶的慢生活步调。

★ 精油香薰是精神净化剂

在旅途中或出差时，看到喜欢的精油香薰蜡烛或是精油，我都会毫不犹豫地买下来带回家，当然成分必须是天然植物精油的。在卧室的斗柜上摆满了各种精油香薰蜡烛，每天睡前点上蜡烛，让精油的芳香飘散在房间中，可以舒缓神经和心情，提高睡眠质量；在书房工作时，我也会在烛台上滴上几滴精油，让工作处于放松和舒适的状态，用精油香薰来调剂心情，气色也会变得很好。

品味来自于生活.

★ 看一本好书，得一个新的视野

尽管工作再忙碌，时间再紧凑，我依然会坚持每天睡觉前的半小时或一小时，关掉电脑，靠着柔软的枕头开始睡前阅读时刻，安静的夜晚，少了白天的喧闹，心也更能平静下来。这个时候阅读一本好书，细细品味书中的文字和图片，跟着作者的文笔走近另一个新的世界。

★ 狗狗是最佳倾诉对象

把狗狗放在"小物"这一栏里确实不太适合，但是它确实是让我心情大好的功臣。女孩心情不好的时候，最好的倾诉对象未必是恋人，而是宠物。我们不需要理性的分析，我们需要的是精神的安抚以及陪伴，我很庆幸我有一个能在我疲惫难过之时依然会陪伴在我身边的狗狗，它是英国威尔士柯基，我给它取名为KOGIC。狗狗带给你的快乐远远大于你给与它的，它未必能听懂你说的话，也不会开口说话安慰你，但是它不离不弃依偎在你身边，这种陪伴已足够。

Two

家居美好细节
赋予生活正能量

Delicate furnishing cultivates
positive living style

家是最温暖的港湾，是心灵休息之地，是疲惫时最想要去的地方，是我每次出差后迫不及待想要回来的地方，虽没有五星级酒店的奢华布置和贴心服务，但是它给与我对生活源源不断的正能量。

　　在装修这件大事上，我和我先生并没有特地请设计师参与，只请了我先生一个做室内设计的朋友帮我们解决一些施工和空间上的问题，剩下的细节都是我俩自己设计和装点。

　　家居布置的细节更应该让你感觉到舒服温暖和亲切，当然，也必须要符合你的个人气质以及生活习惯。

我的家,整体风格并没有一个确切可以形容的词,不属于韩式华丽、极简现代、日系清新、地中海风情、田园乡村风等任何一种风格,而是综合了我和我先生的喜好,所融合成一个具有我们风格的家。以舒适、功能性强、精致有趣的装饰和餐具、明亮的灯光为家居风格重点。

总是会为家里添置装饰小物品，这已成了我生活中的一种情趣，让家里每一个角落都充满美感。

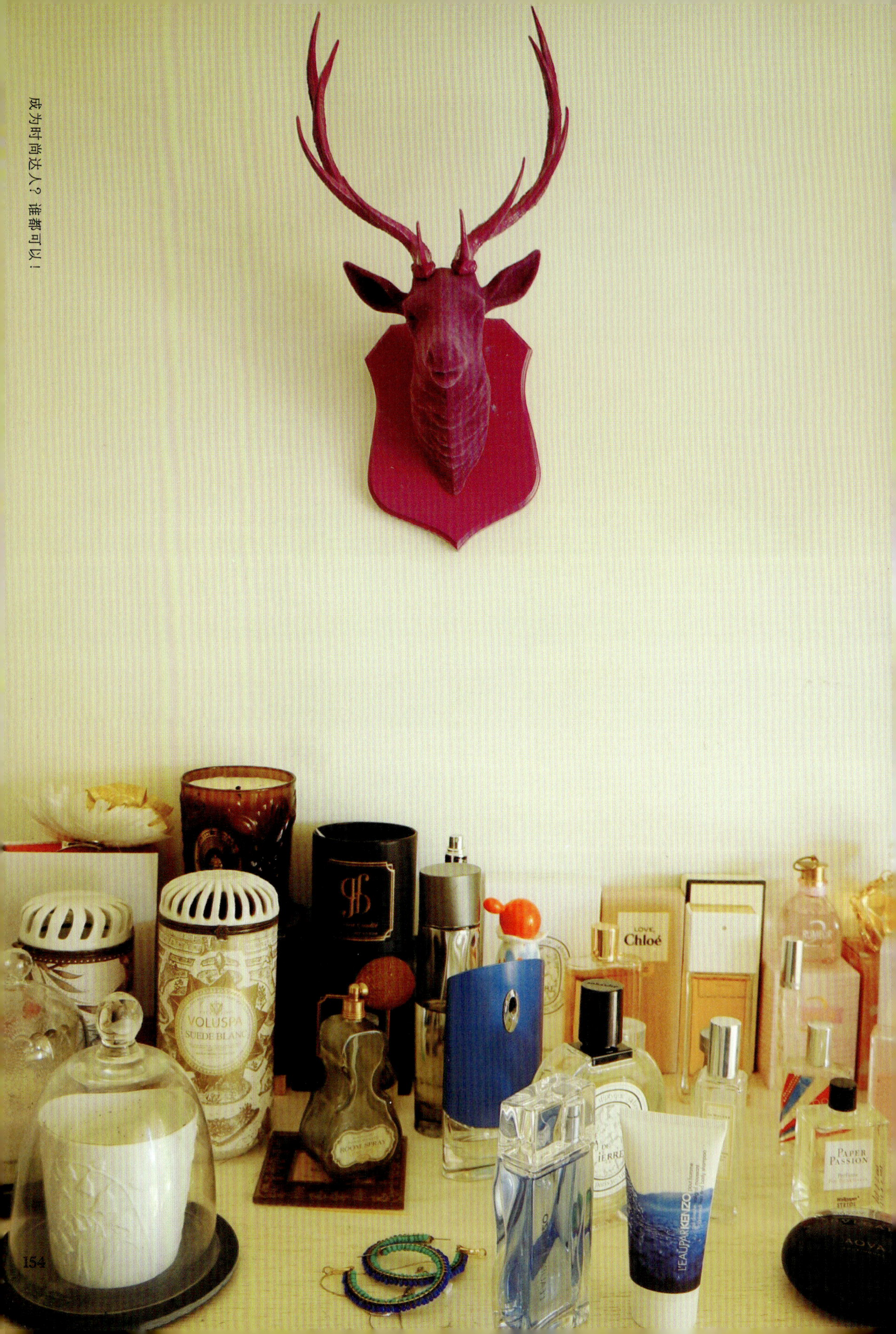
VOLUSPA
SUEDE BLANC
LOVE
Chloé
ROOM SPRAY
PAPER PASSION
L'EAUPARKENZO

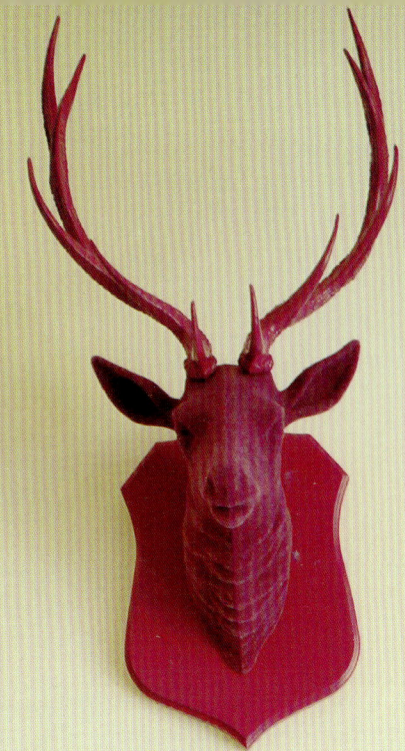

时尚人生的关键

我喜欢收集香薰蜡烛、干花、玻璃瓶、具有法式情怀的杯子；他喜欢收集古典风格拥有好看花纹的餐盘和叉子，喜欢买设计系列的装饰品。各自尊重对方的喜好，然后融合在一起，朋友来我们家，从来不会说，很有我的风格或是很有他作风的感觉，都只会说"好温暖哦，一看就是你们俩所喜欢的氛围。"

我建议正在准备装修婚房或是已经在装修婚房的朋友们,尊重彼此的喜好,不要一味按照自己的兴趣装修。我看到过有些女生很喜欢粉色的墙面,要求丈夫把卧室刷成粉红色,哪个男人愿意睡在粉嫩的卧室中呢?有些男生喜欢个性帅气的感觉,说要把地板和墙壁弄成水泥墙的感觉,如果女生也拥有一样个性那还好说,一般而言女生都不喜欢住在黑沉沉的家中吧。

我希望两人彼此共同的家,代表的是你和他独有的味道。

时尚人生的关键

空闲时,靠着沙发喝杯热茶、
看一本好书、下厨做板家常菜、
和咖狗玩耍、和他一起享受安静
无扰的居家时刻。
是种窝心有花是马带来的安全感.

Three

善用手机作图软件,谁都可以是
生活时尚摄影师

making good use of drawing software, you can be the fashion photographor

旅行中的沿途风景，工作中的花絮片刻，时间派对上的狂欢精彩瞬间，婚礼上的感人情节，来不及用相机记录下来，来不及调好数据拍摄，那就用你手中的手机瞬间记录吧；尽管在旅途中或是出差时我都会随身携带单反，但是，真要捕捉那一刹那，还是手机来得更快，还可以即时分享到网络平台上和大家互动，一起感受我眼前的那一刻。

成为时尚达人？谁都可以！

我比较常用的手机拍摄软件是instagram，它强大的滤镜功能，凸显画面质感的方形裁图，以及可以分享到全世界用户一起观看的功能，让我十分享受用手机记录每一个精彩瞬间的过程。我经常翻阅手机里的图册，每隔一段时间，整理里面的照片，既有趣也充满回忆感，比起平时相机里拍出来的照片真实许多，照片里旅途中的每一个难忘时刻都记

在巴黎男那银优雅的蜗牛餐厅 这里的海鲜饭味道真不错！

2013年情人节，我们在咚香路边

天气抗摧昏沉，如点激吹少美味点心让我心情好起来！

坐在咖啡馆中，翻阅旅游等等划着下一站的目的地。

用什么器材拍摄都不是重点，最重要的是拍摄时你的心情，你眼前看到的事物所感染你的氛围和情绪，即使没有专业的单反，一样也能用手机拍摄出让你回味无穷、饱含深刻回忆的照片。

注：我的instagram 用户民是littlemagicyang，欢迎你们加入一起，来分享你们的回忆吧。

chapter 6

第六章
带一箱美衣,踏上未知的旅途
Hit the road with a luggage of beautiful clothes

　　回忆旅行途中的点滴，回顾拍下那些途中美好景色的照片，就如同观看自己自导自演的电影般，美妙、害羞、深刻且满足。尤其当我心情不好时，更喜欢追溯旅途中的一切，那些若隐若现的回忆在脑海里慢慢涌现，提醒着我生活其实没那么糟糕，而能踏上想要去的地方，置身于其中，这不就是一件很幸福的事情么！

　　在旅途中，我习惯背着相机走走停停，遇见喜欢的、有惊喜的、美好的，就会停下脚步拍上几张。有时候眼睛看不见的，脑袋记不住的，我还是希望能用相机拍下来，留住那一瞬间。能爱上摄影，这对我来说简直就是一个福音，摄影带给我的快乐不仅在于拍到美好画面的幸福感，更是在于能将这些美好画面永存。

　　旅行的行程我不会准备得太仔细，一本实用地道的旅游书籍作为参考，剩下的就靠直觉和随性了。完全没有计划也不是好事，你会错过一些本应该去的地方，或是错过你会喜欢的角落；太按照行程也不是完美之选，你会失去旅行中应该体会到的惊喜，那种不经意发现的惊喜。旅行的意义就在于它能够触发我们平时生活中未被发掘的新体验，让我们的视觉感官体验换了一个新的层面。

　　韩国、巴厘岛、新加坡、越南、印度、泰国、巴黎和巴塞罗,北京、上海、澳门、香港、杭州和台湾,这些我所去过的国度或城市,其中所包含的不仅仅只有回忆而已,每一段旅程,看到每一个阶段自己的蜕变,在自己所经历的旅途中用心发掘,用心发现未知的自己。

　　而对于每一个爱美丽、爱时尚的女孩来说,在出发前,最兴奋的也莫过于整理要穿搭的衣服单品。在前面的章节里我提过旅行的穿着不仅要舒适自在,也要不失时髦感和特色,多加一些配饰点缀,多备一双鞋来搭配,整理好旅途中所需要的装扮单品,带着这份美丽心情踏上未知的旅途吧。

　　这里虽然只分享四个我最难忘的旅途,但还是希望那些我所拍下的沿途景色,以及旅途中我的穿搭分享,能让你再次拾起勇敢前往未知旅途的决心,然后在那段旅程中发掘自己美好的一面。

One

活力迸发的花园城市

新加坡

Singapore

我热爱这里的年轻活力以及它的现代繁华.

带一箱美衣，踏上未知的旅途

    在新加坡停留的时间不算很长，一边工作一边游玩，尽管如此，我还是迅速爱上了这个花园城市。

    在我眼里，与新加坡的夜晚的繁华璀璨相比，新加坡的白天散发着朴素文明、多文化乡情、让人舒心畅快的气息。它年轻、现代、时尚和热情，是一个多元化文化的国度，聚集了马来人、印度人和华人的民族文化与特色。新加坡的一大特色则是"夜色"，夜幕到来，这座繁华现代的国度，向人们展现出它非凡的魅力：各种狂欢到凌晨的特色酒吧。新加坡的酒吧琳琅满目，有奢华的，有潮流感十足的，有小资情调的，有浪漫恬静的。我喜欢坐在新加坡河岸边，看着对面耸立的高楼大厦伴随着灯光映射在河面上，看着那些恋人携手散步；也喜欢在乌节路一边欣赏灯饰一边疯狂购物，更喜欢漫步在河畔边，坐在椅子上，河面上反射的点点灯光让平静的夜晚显得更加迷人。我彻底感受到这个城市的与众不同，它没有喧闹的浮躁，呈现的是宜人宁静与繁华现代相结合的氛围。

成为时尚达人？谁都可以！

服装定点

　　新加坡是个热带国家，天气比较炎热，但商场以及餐馆的室内空调都开得挺猛的，因此我都会随身带着一个薄外套。因为来到这里的性质一半是工作一半是玩乐，所以白天时我的着装还是会比较简洁，以剪裁合体的短裙为主，到了晚上则换上清爽的吊带亮色连衣裙和凉鞋。

带一箱美衣，踏上未知的旅途

Zoukout 沙滩派对
是每年新加坡热爱派对最为
期待的 party！

成为时尚达人？谁都可以！

新加坡潮流地 哈芝巷,
有太多当地设计师设计的潮流个物.

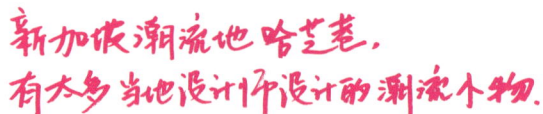

Two

清新的闲逸时光

越 南

Vietnam

带一箱美衣，踏上未知的旅途

　　一个临时的决定，我前往了这个曾是法国殖民地的国度，心存好奇，想亲身体验它的东南亚风情和法式浪漫混合的气息。我选择停留在越南的西贡和大叻。

　　西贡的街道很有一番意境，汹涌成群的摩托车嗡嗡地穿梭在道路上，而西贡的市中心，这里不仅有奢华的名牌店和高级酒店，也有地方风情浓烈的小店铺，建筑充满了法式风情，犹如法国香榭丽。在西贡，随处见到各国的背包客，每走几步路或是转角处都可看到新奇、装修特别的咖啡馆，在这里，我整个人都平静下来，享受这份宁静与舒适。

　　而位于海拔1500多米的高原上的大叻镇，湿润的天气和连绵不断的小雨，到处都散发着小清新和淳朴浪漫的气息，号称越南的"冰激凌"——环境和气候条件优越，因此也是花中之城，各种鲜花在街上、小庭院中和路边绽放。我十分喜欢大叻的雨天，被雨水洗刷的空气十分的清新干净，禁不住慢下脚步，细细呼吸新鲜的空气，在这里最享受的事情除了坐在咖啡厅喝杯滴漏咖啡之外，就是在细雨中漫步。

成为时尚达人？谁都可以！

服装亮点

当时去的时候是10月份，越南的天气比较多雨，且这里的百姓都习惯穿拖鞋。因此在西贡的时候我一般都是脚踩拖鞋，衣着上则以材质凉爽透气、带有些柔和感的单品为主；而大叻气候比较凉，加上环境浪漫唯美，因此我选择色彩明亮的针织开衫加连衣裙的组合搭配。

带一箱美衣，踏上未知的旅途

带一箱美衣，踏上未知的旅途

充满了法式风情的街道，
随处可见各国的背包客，
川流不息的摩托车队以及
新奇特别的咖啡馆。

成为时尚达人？谁都可以！

漫步在细雨中，
细细呼吸飘散花香的空气
品一杯咖啡，开始慢生活

巴黎冬季之行，至今我仍意犹未尽，貌似无法从这段浪漫的法式意境里抽离。说到巴黎，总是联想到"爱情"，似乎它就是爱情的象征，有太多关于巴黎或是以巴黎为题材的爱情电影。在还未去巴黎前的我，总是被电影里那些巴黎的街角、巴黎的恋人所吸引，那么巴黎是不是就这么的罗曼蒂克呢？没有一个特定的答案，在于你怎么看待。有人觉得那些浪漫的迹象只不过是表面，而不是本质上的爱；但我却在这里寻找到浪漫爱情的身影，不是说巴黎男女的爱情有多浪漫，而是他们所营造的氛围就是浪漫，你可以随处看到在街道或是公园，甚至是餐馆中紧拥着对方的情侣，或是相互依偎，又或是热吻，毫不介意旁人的眼光，似乎在说：爱，需要给别人评价么？

成为时尚达人？谁都可以！

我喜欢巴黎，不是因为这里有很多奢侈品牌，也不是因为它是时尚之都，我爱上巴黎那种淡淡优雅而有点阴郁的氛围，爱上在巷弄廊街中逛特色小店、古玩店、复古二手店，也爱上逛到一半随便在一家小餐馆坐下喝杯热巧克力或是热咖啡取暖，爱上坐在公园的椅子上看行人的穿着打扮，顺便沐浴阳光。

在巴黎的日子，几乎都是徒步或是乘坐地铁，因为每天都要走上好多的路，因此我称之为"巴黎断腿之行"，哈，但只有放慢脚步，才能发掘到不经意的细节，才能深入体会，也才能咀嚼到最本土的文化味道。当然，巴黎仍有它的缺点，也有惹人不喜欢的方面，例如它的治安不好，扒手很多，地铁很脏，地铁出口也是，味道也不好闻，巴黎的空气很闷等，但如果你足够爱这个地方，你在这里能找到你所热衷的事物，那些缺点又算得上什么呢？

服装宠点

在巴黎时，我最喜欢穿的衣服单品始终是大衣，这也是巴黎女人最爱的单品之一。记得有一次我来到一家老爷爷开的服装店闲逛，老爷爷指着我然后用法语对我好友地说"我喜欢她的穿搭，尤其是这个外套，很有巴黎女人的味道。"来到这座低调、安静、有品位的城市，你会忍不住让自己也变得优雅，没有过多五颜六色的点缀，或许来来去去就是黑色、灰色、卡其色、棕色，但是却能穿得如此与众不同与富有气质，我想，简洁、经典，这就是巴黎人的时尚之道吧。

帶一箱美衣,踏上未知的旅途

带一箱美衣,踏上未知的旅途

Cafe and bread
坐在巴黎的咖啡馆,
嘴里品着香脆的牛角酥
如此惬意.

成为时尚达人？谁都可以！

city

放慢脚步细细品味噢。
观看地铁上流浪艺人的表演
在大街小巷石板路上行走
逛逛角落处的小店..

带一箱美衣,踏上未知的旅途

people

巴黎的老爷爷或老奶奶
他们的穿着都发着另类与优雅
虽不是最华丽摩登的.
但却具有个人魅力.

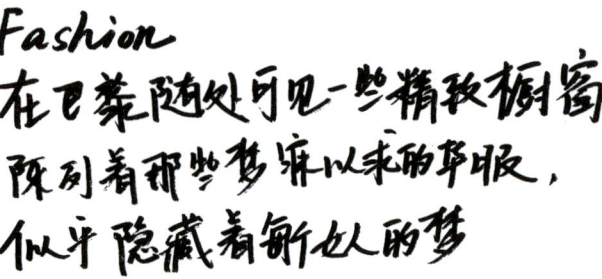

Fashion
在巴黎随处可见一些精致橱窗
陈列着那些梦寐以求的华服，
似乎隐藏着每个女人的梦

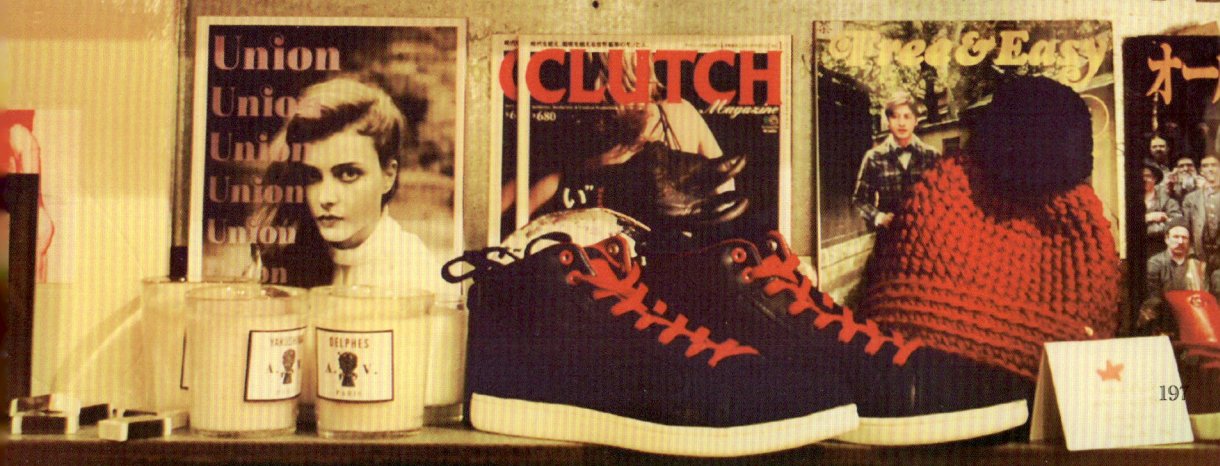

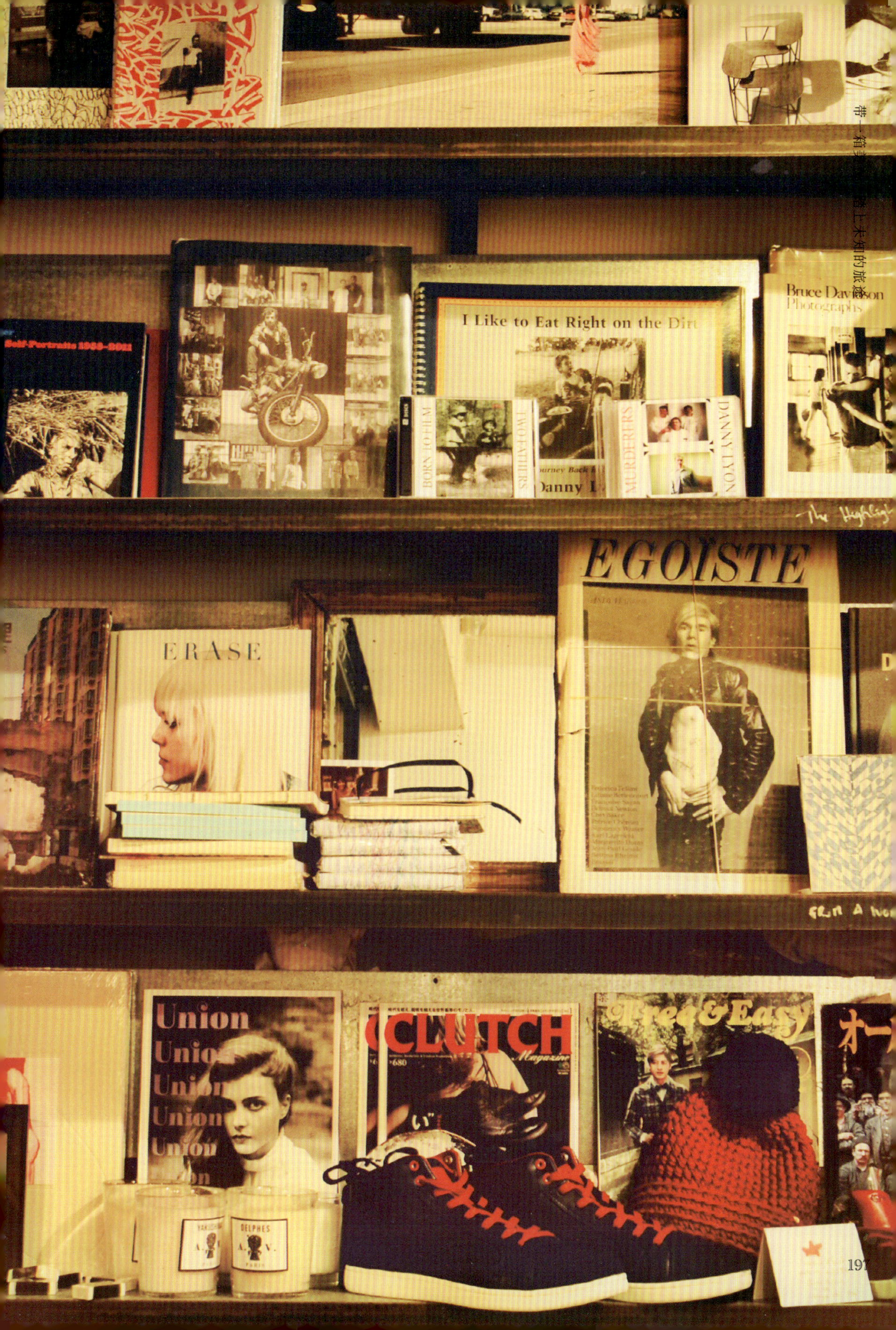
Self-Portraits 1988–2011
I Like to Eat Right on the Dirt
BORN TO FILM
TWO FATHERS
MURDERERS
DANNY LYON
Bruce Davidson
Photographs
EGOISTE
ERASE
Union
CLUTCH
Magazine
Free & Easy
DELPHES

Four

浓厚的艺术情怀

巴塞罗那

Barcelona

我喜欢巴塞罗那热情的氛围,温暖的阳光,浓厚的艺术气息,巴塞罗那展现给我的是热情、古典、艺术和多彩的感觉。在那里呆了8天,每天的行程都安排得很宽松,随意走走,想去哪就去哪,享受午后阳光,吃个甜品,再徒步走或是坐地铁到目的地。

这里是地中海城市,气候也很舒服,尽管我们在这的8天里,有两三天都是下小雨的,但是经过的行人散发出来西班牙男人的豪迈以及热情,让我觉得这里很温暖。每天都会在兰布拉大道上的波盖利亚市场买新鲜的水果和新鲜的果汁,然后一边吃着水果一边游走在大街上欣赏景色。在我的现实生活中,总不可能有事没事到海边散步、看海鸥、听海浪声、吹海风,但在这座风景如画的地中海城市巴塞罗那,一切就真的那么真实,被海鸥包围,看着它们嬉戏,沐浴在阳光下,坐在椅子上相互依偎的情侣如同一道浪漫风景。

带一箱美衣，踏上未知的旅途

服装定点

　　为了配合巴塞罗那浓厚的艺术氛围以及白天温暖晚上寒冷的气候，我除了必备的外套之外，在搭配的单品上会选择印花元素和图案元素，让整体搭配看似不单调，用不同的围巾作为装饰点缀，增加搭配的趣味性，同时还可以御寒，黑色短靴出镜率颇高，能应付任何一个搭配。

成为时尚达人？谁都可以！

带一箱美衣，踏上未知的旅途

Love in Barcelona

Life
西班牙的海鲜饭、口味众多的Tapas、高涨的足球文化、轻松享用生活态度，让我更迷恋这座城市！

成为时尚达人？谁都可以！

City
巴塞罗那展现给我的是热情、古典、艺术和多彩的感觉。越到夜晚，越加热闹，越是精彩。

带一箱美衣，路上不知的旅途

Art
巴塞罗那浓厚的艺术氛围
很大程度是因为高迪吧！

成为时尚达人？谁都可以！

关于此书，我想说的话

这本书，从策划到初定大纲，再到开始着手编写、搭配拍摄、图片素材搜集和设计排版，前前后后用了大半年的时间。

还记得一年多前，出版社就已联系我谈及出书的事，那时的我深知还未到时候出一本自己的书。

当时我在想，若真的要出书，我希望这本书不仅记录了我成为时尚达人的这一过程，也能分享更多实用的心得给每一位对穿衣打扮不知所措的女孩，希望引起她们更多的共鸣，促使她们和我一起成长。

因此，我蓄势待发。

终于，2013年的5月份我开始动笔，书中的图片是我这三年里自己颇为满意的穿搭图以及我生活中记录的精彩瞬间。

借这本书，我想鼓励那些还未发现自己最美好一面的女孩：或许你对现状不满意，你会羡慕别人，你不够自信；但是，我相信，包括我自己也是如此坚信，只要大胆且用力去追求你想要的生活，你定能成为心中那个最美好的自己。

在此十分感谢在我出书过程中，给与我支持、配合和理解的每一位亲朋好友和单位。也谢谢在网络上一直默默支持、认可和欣赏我的网友们，尽管素未谋面，但是你们成为了我莫大的动力。

我依然在继续成长，去发掘那些自己未发现的美好一面……

杨梦晶 Magic Yang

成为时尚达人？谁都可以！

网友十大问题排行榜

Questions

Answers

（Q：网友的疑问，A：我的回答）

网友十大问题排行榜

Q1 变得时尚是不是需要花很多钱？例如要买很多的衣服、鞋、包和配饰。

A 花钱是要的，但是要花在刀刃上，花小钱买一堆廉价不耐穿的服饰单品，还不如多花点钱买有质感的单品。变得时尚不仅是局限在穿衣打扮上，还包括你的眼光、品味以及生活态度。做一个时尚的女生，会打扮，更要会生活。

Q2 出版这本书的目的，是否是想要拥有完整的作品来表达自己的成长？

A 不能完全这么说，拥有自己的作品固然是好事，但是写这本书最大的目的，还是希望能将自己这几年的穿衣打扮之道以及成长的经验和领悟，分享给每一位含苞待放的女孩，鼓励那些不够自信的女孩，成为最美好的自己，并不是难事。

Q3 怎么样提高自己的人气？如何做到在网络上吸引别人的注意？

A 这是很多女生好奇的一点，其实一直以来我都没有去想过这个问题，对于提高人气的方法，我的理解是，尽可能发挥自己的特长和优势，并用合适的方式呈现在大家面前。

Q4 经常需要出外公干，怎样穿才能既具有职业素养，又时尚好看、舒服自在呢？

A 任何让你穿上去不够舒服的衣服都应该先舍弃，然后在挑选衣服时，先设想一下：如果工作伙伴看到我穿这件衣服，是否会有不妥的感觉，例如领口太低、裙子太短、颜色太沉闷、款式有些浮夸？如果你也不确定，那就舍弃它，去挑选让你一眼就喜欢的同时又让你有"安全感"的单品。

Q5 即将步入职场，但职业不是时尚领域而是教师，难道一定要穿得很朴素么？

A 职业的不同，也决定了着装方式的不同，书中我也写到一些关于上班族适合的穿着方法，上班装扮和你的职业场所不产生违和感是最重要的。如果你想成为具有亲和力的老师，可以尽可能选择颜色柔和的单品，如果你希望塑造沉稳的严师形象，黑色、灰色、深棕色是首选；不要穿短裙，而应该是及膝半裙或是西装长裤。

| Q6 | 是什么驱动了你决定脱离白领生活，发展自己的事业呢？ |

| A | 是我的先生让我萌发了成为"个体户"的想法，他发觉我的优势在职场上并不能发挥出来，反而被束缚了，而我所喜欢做的，在当时我的工作上是无法实现的；最幸运的事情，不就是能在自己喜欢的事情中发挥所长吗？在他一番的思想工作之下，也促使了我做这个决定。 |

| Q7 | 怎样才能找到属于自己的穿衣风格呢？ |

| A | 此处省略万字，想知道如何做到，请看完这本书，哈哈。 |

| Q8 | 到目前为止，你已经尝试了许多不同的风格，有最偏爱的风格吗？
是否有始终无法驾驭的风格呢？ |

| A | 以前会觉得自己只适合某种固定的风格，那是因为自己对于搭配的领悟还是太浅，给自己设置太多局限；而能让我真正感受到搭配的乐趣，是在于让衣服取悦自己而不是为衣裳而穿，之后，我开始乐于并且享受尝试不同的风格，但是无论尝试何种风格，打造具有实用性和亲和力的装扮是我一直坚持的。始终不能驾驭的风格，也就是不适合自己的风格。 |

| Q9 | 你是否遇到过搭配瓶颈期或是搭配的"跑调期"？ |

| A | 大概3年前，我和许多女生一样，盲目地模仿杂志上的搭配，并无去考虑这样穿搭是否合适自己，好看的衣服穿在自己身上却看不到好看的自己。幸运的是，喜欢拍照的我，也逐渐在自己的照片中看到不足之处，所以说，女孩们爱拍照的同时也要懂得在照片中"研究"自己的装扮，及时发现不足，及时改正。 |

| Q10 | 如何保持对穿衣打扮的热情？有时候真是没心思去想"明天穿什么好！" |

| A | 我无法告诉你如何保持这份热情，无法坚持，是因为你不够热爱，如果你足够热爱自己，花点时间和心思去想一想"要穿什么"只是一个小事吧。 |

THANK YOU